AF862202

Julia Hofstetter

Stadtgeiss

Vom Leben mit Ziegen in der Stadt

Werken, Kochen, Gestalten und Gärtnern im urbanen Raum

at VERLAG

© 2017
AT Verlag, Aarau und München
Lektorat: Ricarda Berthold, Freiburg i. Br.
Fotos und Illustrationen: Julia Hofstetter, mit folgenden Ausnahmen: Matthias Steger Seite 14 (unten), 70 (rechts), 109, 111, 112, 113, 117 ; Giorgio von Arb Seite 14 (oben), 89; Geri Furrer Seite 68, 103; Res Keller Seite 25
Grafische Gestaltung und Satz: AT Verlag
Druck und Bindearbeiten: Westermann Druck, Zwickau
Printed in Germany

ISBN 978-3-03800-969-6

www.at-verlag.ch

Der AT Verlag, AZ Fachverlage AG, wird vom Bundesamt für Kultur mit einem Strukturbeitrag für die Jahre 2016–2020 unterstützt.

Inhalt

In der Schweiz gab es 1983 nur noch 34 Stiefelgeißen, 27 weibliche und 7 männliche Tiere. Heute sind es 822 Stiefelgeißen.

Ziegen mit Stiefeln

Notizen aus der Kiesgrube Natürlich haben sie alle Stiefel. Und meistens einen Mantel. Dazu Hörner und einen Damenbart. Und wenn eine der Ziegen trächtig wird, bilden auch die anderen ein Euter aus. So sind sie, die Stiefelgeißen. Ich habe sieben davon. Sie und ich, wir leben in der Stadt.

Ein Hektar Land und rundherum Gebäude. Ein Hochhaus. Eine Kirche. Eine Baustelle. Die Bahnlinie. Und Straßen, oberhalb und unterhalb. Am Himmel die Flugzeuge zum Greifen nah. Dazwischen Eichen, Kirsch- und Apfelbäume, Ahorn und Mirabelle. Ein Hektar Land einfach so, mitten in der Stadt. Eine ehemalige Kiesgrube. Die Ziegenwiese gibt es schon lange. Bevor ich sie übernahm, war sie eine Schafwiese. Sie war dann lange zur Pacht ausgeschrieben, aber niemand hat sich gemeldet. Eine solche Wiese macht viel Arbeit, davor hatte auch ich Respekt. Und dann habe ich es doch gemacht. Jetzt bin ich Ziegenhirtin. Die Wiese darf nicht verbaut werden, weil in ihrem Untergrund im Steilhang eine Reservequelle der Trinkwasserversorgung liegt. Es ist ein Ort für Begegnungen geworden. Einen genauen Plan hatte ich nie, aber eine Idee. Ich wollte die Wiese in einen Ort verwandeln, wo Kinder wild, Erwachsene entspannt und Ziegen glücklich sein können. Und dann ist alles sehr bunt geworden.

Ziegen sind Zehenspitzengänger. Sie setzen nur die Spitze des vordersten Zehengliedes auf den Boden auf.

Die Stiefel sind schon bei den ganz kleinen Stiefelgeißen gut zu erkennen.

Leckerbissen Brombeergrün Ziegen können Landschaften pflegen. Und sie können Landschaften zerstören. Auf den Galapagosinseln zum Beispiel wurden die Ziegen zur Plage, so sehr, dass man die verwilderten Wiederkäuer mit Hunden und Hubschraubern jagte. Die Ziegen waren einst von Piraten als Fleischreserve auf den Inseln ausgesetzt worden. Sie vermehrten sich und fraßen den Riesenschildkröten das Futter weg, bis die Schildkröten kurz vor dem Aussterben waren – wo doch Galapagosinsel eigentlich Schildkröteninsel bedeutet. Da blieb nichts anderes übrig, als die Ziegen auszurotten. Aber als die Ziegen weg waren, gingen plötzlich auch die Bestände der Galapagos-Mäusebussarde dramatisch zurück. Seit die Piraten die Ziegen um das Jahr 1800 auf die Inseln gebracht hatten, hatten sich die Raubvögel nämlich daran gewöhnt, Zicklein zu jagen. Auch Ziegenkadaver gehörten zu ihrem Speiseplan. Die Galapagosinseln sind natürlich ein außergewöhnliches Beispiel. Lange Zeit von der Außenwelt isoliert, kommen dann plötzlich die Ziegen. Klar, dass sie alles durcheinanderbringen.

Wenn der Ziegenbestand pro Weidefläche aber klein bleibt, können Ziegen einen wertvollen Beitrag zur Artenvielfalt leisten. Für Pflanzen und Kleintiere. So werden sie zum Beispiel zum Entbuschen von Alpweiden eingesetzt. Wie alle Hornträger haben Ziegen oben weder Schneide- noch Eckzähne. Dafür haben sie an deren Stelle eine harte, verhornte Platte. Damit entrinden sie junge Bäume. Und stellen sich dabei hin und wieder auch auf die Hinterbeine. Das nennt man fakultative Bipedie – ab und zu Zweibeiner. Das macht so kein anderes Nutztier. Eine Kuh auf den Hinterbeinen? Undenkbar. Und wenn sie nicht Rinde nagen, dann zupfen die Ziegen Knospen und Kräuter, pflücken Blätter.

Jedes Weidetier frisst anders und bevorzugt anderes. Schafe lieben Schmetterlingsblütler und junge Blätter. Mit ihren beweglichen Lippen fressen sie die Grasnarbe tief ab. Ziegen naschen eher und fressen weniger tief als die Schafe. Als Rasenmäherersatz sind Schafe besser geeignet. Esel sind sehr bescheiden. Sie fressen auch überständiges Gras, das von anderen Tieren verschmäht wird. Diese zähen, lan-

Die Ziegenwiese ist für das Quartier zu einem Ort der Begegnungen geworden.

Dank ihrer beweglichen Oberlippe können Ziegen auch Pflanzen mit Dornen fressen.

Ziegen drücken dünne Bäume mit den Vorderbeinen nieder und äsen sie ab. So können sie bis 2 ½ Meter hohe Bäume komplett schälen.

gen Halme. Rinder wiederum reißen mit der Zunge büschelweise Gras aus. Bei kurzem Gras sind sie deshalb mit ihrer Rupftechnik im Nachteil. So fördert jedes Weidetier das Wachstum bestimmter Pflanzen, die es nicht frisst, und drängt diejenigen Pflanzen zurück, die es gerne verzehrt. Vielleicht ließe sich sogar aus der Pflanzengemeinschaft an einem Ort ablesen, welches Tier auf der Weide war. Wacholderweiden zum Beispiel sind entstanden, weil Schafe diese Pflanze nicht mögen. Manche Bauern halten darum verschiedene Tiere gemeinsam auf der Weide. Rind und Schaf zum Beispiel. Oder Pferd und Ziege. Nicht aber Schaf und Ziege, denn die sind beide für dieselben Parasiten anfällig. Ziegen gehören mit den Hunden und den Schafen zu den ältesten domestizierten Tieren. Sie waren es, die im einst mit Wald bedeckten Mitteleuropa die offenen Weiden schufen. Landschaftsarchitekten eben.

Wie das Schaf hat die Ziege eine bewegliche Oberlippe. Diese falten die Tiere um Stängel, legen sie um Dornen und Stacheln. Bei Brombeeren zum Beispiel oder bei Robinien. Brombeeren sind immer ein Leckerbissen, ganz besonders im Winter, wenn es sonst kein Grün gibt.

Manchmal aber interessiert die Ziegen etwas ganz anderes als das Fressen. Dann kräuseln sie ihre beweglichen Lippen und saugen Luft ein. Jetzt flehmen sie. Sie schlürfen Düfte durch den Mund bis zum Jacobson-Organ. Das sind zwei kleine Einbuchtungen bei der Nasenscheidewand, überzogen von einer Riechschleimhaut. Die Atemluft, die durch die Nase einströmt gelangt nicht hier hin. Die Riechschleimhaut in der Nase ist für Gerüche zuständig, die etwas mit Futter, mit Gefahr oder Fressfeinden zu tun haben. Das Jacobson-Organ dagegen fängt die Duftstoffe der anderen Ziegen auf. Pheromone zur innerartlichen Kommunikation. Da geht es um Hierarchien, um Lust und Paarung. Die Brombeerblätter riechen die Ziegen also mit der Nase und nicht beim Flehmen.

Inspiriert von der Vorliebe meiner Ziegen für Brombeerblätter habe ich eine Teecreme gemacht. Und dafür habe ich die Brombeerblätter fermentiert.

FERMENTIERTE TEECREME

Brombeerblätter fermentieren
Junge Brombeerblätter im Schatten antrocknen lassen. Dann in Streifen schneiden, in Wasser tunken, auf ein Tuch legen und mit dem Nudelholz flach rollen. Einige Zitronenschalenstückchen dazulegen und das Tuch einrollen. In einen Plastiksack schnüren. Drei bis vier Tage an einem sonnigen Platz gären lassen. Dann das Paket öffnen. Riechen! Die Blätter zerzupfen. Im Schatten oder im Dörrgerät trocknen lassen.

Für die Creme:
1 EL fermentierte Brombeerblätter (siehe oben)
100 g feiner Zucker
200 ml Milch
3 EL Maisstärke
400 ml Schlagrahm (Sahne)

Die fermentierten Blätter mit 400 ml Wasser aufkochen. Ziehen lassen. Den Zucker dazugeben. Die Blätter absei-hen. Die Flüssigkeit aufkochen. Milch und Maisstärke verrühren. Zur kochenden Flüssigkeit geben. Abkühlen lassen. Hin und wieder rühren. Den Schlagrahm steif schlagen und vorsichtig unter die Teecreme heben.

Aus den von den Ziegen entrindeten Ästen haben wir zwischen den Ästen der wilden Kirsche ein Krähennest gebaut. Die Zahnspuren gefallen mir gut.

ZIEGENLIEGEN Am Anfang stand zum Glück bereits ein Stall da. Er war am Zerfallen. Und das ganze Gelände überwachsen mit Brennnesseln und Disteln. In dieser Zeit war ich manchmal nicht sicher, ob ich mir nicht etwas zu Großes vorgenommen hatte. Einen Stall umbauen, dessen Dach zusammenstürzt. Wo aus jedem Brett Hunderte von gefräßigen Käfern krabbeln. Wo das Holz zwischen den Fingern zerrieselt. Und die Brennnesseln. Das Ausreißen nahm kein Ende. Ich bastelte, werkelte, wurstelte – und mogelte. Es musste halten. Mehr nicht. Perfektion musste nicht sein.

Wichtig war es, geeignete Ruheplätze für die Ziegen zu schaffen. Ziegen sind Übersichtstiere. Sie schlafen auf Podesten. Hier ruhen sie auch. Wiederkäuen ist zeitintensiv. Da braucht es einige Stunden der Muße pro Tag. Weich braucht es nicht zu sein, aber trocken und sauber. Ideal sind Liegenischen, die in unterschiedlichen Höhen angebracht sind. So können die Ziegen einander ausweichen und gehen weniger aufeinander los. Denn Ziegen sind hierarchische Tiere. Sie wollen hin und wieder die Rangordnung aushandeln. Solche Kämpfe können als bloße Andeutung stattfinden. Aber manchmal, da knallen die Hörner in Sekundenschnelle aneinander. Und dann geht es sofort wieder zurück in den alten Trott. Und manchmal scheint es, als würden sie sich zum Kampf verabreden. Hoch oben auf dem Hügel. Sie tippen sich an. Und springen dann voller

Sechs bis acht Stunden täglich sind Ziegen am Wiederkäuen, drei bis fünf Mal am Tag dösen sie.

Stadtziegen brauchen auch Stadtställe: in Kartonschalen für sie entworfen.

Vorfreude hinunter. Und treffen sich auf dem Blechdach der Futterkrippe vor dem Stall. Und lassen wieder die Hörner krachen. Sie bäumen sich auf. Und dann ist von einer Sekunde zur anderen der Kampf vorbei. Und jedes Tier weiß, wo es seinen Platz hat. Manchmal sind diese Auseinandersetzungen bitterer Ernst. Das kann schmerzhaft sein. Die dominante Ziege kämpft nicht. Sie taucht auf. Und die anderen halten Abstand. Schwierig ist es, wenn eine Ziege krank ist. Die anderen Ziegen merken sofort, wenn ein Tier Schwäche zeigt. Ohne Mitleid. In dieser Situation muss die geplagte Ziege Ruhe haben. Ein Ort, wo sie vor den anderen Ziegen geschützt ist. Und trotzdem mit Sichtkontakt. Ziegen sind Herdentiere. Ihnen ist nicht wohl alleine. Wenn wir mit nur zwei Ziegen losspazieren, um eine Klasse für einen Workshop auf der Wiese abzuholen, meckern die anderen, bis wir wieder zurück sind. Es kann sein, dass die dominante Ziege die schwächeren Tiere plagt, nicht zum Futter lässt. Deshalb muss es im Stall immer Fluchtwege geben. Um auch rangniedrige Ziegen satt zu kriegen, sind gut eingerichtete Fressplätze wichtig. Wir haben fünf Futterstellen. Die Tiere können jederzeit zu diesen Krippen. Das funktioniert. Natürlich können die Ziegen während der Futterzeit auch vorübergehend angebunden werden. Oder an Fressgittern fixiert. Sichtblenden zwischen den Fressplätzen lassen auch rangniedere Tiere ruhig fressen. Und Wasser ist wichtig. Ziegen brauchen Wasser. Auch wenn sie manchmal

Ziegen sind Herdentiere. Am liebsten laufen sie deshalb in der Gruppe. Das kann auch eine Schulklasse sein.

Links: Aus Salzteig mit Kartons als Rahmen entsteht eine Ziegengalerie.

Rechts: Milchziegen fressen täglich rund 2 Kilogramm Trockenmasse. Das sind zehn Kilogramm Gras.

tagelang ohne auskommen. Wie die Kamele. Die Tiere brauchen frisches, sauberes Wasser, wie auch wir es trinken würden. Ziegen tunken ihr Maul mit fast geschlossenen Lippen in das Wasser. Und saugen. Am besten sind Tränken, die von mehreren Seiten gut zugänglich sind.

Dabei habe ich mich immer wieder über unsere Leitziege geärgert. Weil sie alles immer zuerst haben will. Das Futter. Die Aufmerksamkeit. Aber dann hat jemand zu mir gesagt: »Schön dumm von dir. Wenn du die Kleinen und Schwächeren verzärtelst, ihnen die Leckerbissen zuerst gibst. Wenn du versuchst die dominante Ziege zu umgehen, dann bringst du nur Unruhe in die Herde. Da fühlt sich die Leitgeiß veräppelt. Und dann kommt es unentwegt zu Rangkämpfen, weil die Leitziege die Ordnung wieder herstellen will. Du musst sie loben, sie wertschätzen. Denn ihre Position ist ja wichtig. Zeig ihr das. Ich massiere meine Leitziege. Das mag sie gerne.« Das habe ich mir zu Herzen genommen. Wir sind jetzt daran, uns miteinander anzufreunden.

Es war ein schönes Gefühl, als der Stall fertig war. Bereit für die Ziegen. Hell, trocken und gut belüftet. Denn im Gemisch aus Kot und Bodenstroh kann sich ganz schön viel Ammoniak und Schwefelwasserstoff anreichern. Diese Gase müssen abziehen können. Und gleichzeitig darf keine Zugluft entstehen. Auf Zugluft reagieren Ziegen empfindlich. Und Nässe hassen sie. Eine Regenwolke und sie rennen in den Stall. Da sind sie nicht wie die Schafe. Die haben ihr gefettetes Fell. Das Lanolin lässt die Regentropfen abperlen, und die Schafe bleiben auch in der Nässe trocken. Ziegen werden klatschnass und erkälten sich. Sie brauchen deshalb auf jeden Fall einen Unterstand auf ihrer Weide, wo sie vor Regen geschützt sind, und wenn die Sonne brennt, Schatten finden.

ANLEITUNG ZUM BAU EINER FUTTERKRIPPE

Variante 1

Material:

Holzlatten (je nachdem, wie viele Sprossen die Krippe haben soll)

1 Latte oben

1 Latte unten

1 Brett als Deckel

2 dreieckige Bretter für die Seitenwände

1 Brett, um das Heu aufzufangen

Schrauben

4 Scharniere für den Deckel

Die Krippe gemäß Zeichnung zusammenbauen. Mit oder ohne Rückwand. Die Krippe kann direkt an der Stallwand befestigt werden. Unsere Krippe steht auf einem stabilen Podest. So kann der Deckel gleichzeitig als Liegefläche für die Ziegen dienen.

Variante 2

Die Schlüssellochvariante. Hier fädelt die Ziege den Kopf so ein, dass sie beim Fressen die anderen Ziegen nicht stören kann. Außer den Brettern wird diese Futterraufe genau gleich wie die Variante 1 gebaut.

Variante 3

Ziegen sind verschwenderisch. Sie reißen mehr Heu aus der Krippe als sie fressen können und verteilen das restliche Heu auf dem Boden. Vom Boden fressen sie nichts mehr. Das Heu ist deshalb, sobald es runterfällt, nicht mehr brauchbar. Die Variante 3 versucht dem entgegenzuhalten: Die Maschen des Gitters sind kleiner als die Lücken bei Variante 1 und 2. So kann die Ziege aufs Mal nur wenig Heu herausziehen. Und es gibt weniger Abfall.

Material:

1 Regentonne

Maschendrahtgitter

1 Unterlage mit Rand

In die Mitte des Maschendrahtgitters wird eine Regentonne gestellt. Diese Krippe wird von oben gefüllt. Das Heu wird in den Raum zwischen Regentonne und Gitter gestopft.

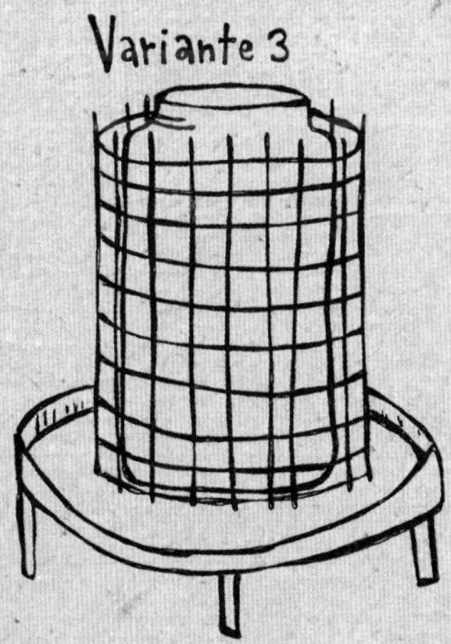

Zaunhocker: Papiermaché und Konservenbüchsen

Wenn wir »auf die Alp« gehen, gehen wir mitten in die Stadt. An den Fluss. Dort gibt es eine Wiese voller Eidechsen und wildem Oregano. Ziegen mögen ihn allerdings nicht so sehr. Die ätherischen Inhaltsstoffe schmecken ihnen nicht. Genauso wenig wie die Schafgarbe, die können sie auch nicht riechen. Ziegen unterscheiden salzig, bitter, süß und scharf. Und jetzt dieser Oregano auf ihrer Alp! Obwohl er doch auch Wohlgemut heißt. An seinen Blüten sitzen Bienen vom Bienenzüchter nebenan. Stadthonig. Stadtgeißen. Die Stadt, das sind eben nicht nur Gebäude und Straßen. Wenn zwischen zwei Steinen das Knopfkraut herausschaut, der Knoblauchhederich neben dem Ruprechtskraut wächst, und die Kartäusernelke mir ihr leuchtendes Pink entgegenstreckt, dann ist auch das die Stadt. Für den »Alpaufzug« haben wir die Ziegen mit bunten Blumen geschmückt. Aus farbigem Papier. Es war ein heißer Tag, und auf dem Fluss trieben die Menschen auf Gummibooten an uns vorbei. Und die Ziegen fraßen die armenische Brom-

Linke Seite: Der Alpaufzug führt quer durch die Stadt zu einer Wiese mit Aussicht.

Rechte Seite: Unterwegs zur Stadtalp an der Limmat.

beere und den Japanischen Knöterich, die über die Mauern auf den Weg rankten. Auf der Stadtalp haben die Ziegen vor allem eine Aufgabe: Sie sollen die Weide luftiger machen. Damit mehr Licht auf den Boden dringt. Und die Eidechsen sich sonnen können. Stadtziegen und Stadteidechsen.

Es ist am besten, wenn die Weide für 10 Tage beweidet und danach mindestens 30 Tage von den Tieren nicht mehr betreten wird. So wird das Parasitenaufkommen gering gehalten.

Dass Ziegen in den Städten leben, ist nichts Neues. Die Bauern hielten früher nicht viel von den Ziegen. Arme-Leute-Tiere waren das. Vor hundert Jahren gab es bei uns mehr Ziegen in Städten als auf dem Land. Sie wurden häufig als Einzeltier gehalten. An Straßenrändern an Pflöcke gebunden. »Tüdern« nennt man das. Sie lebten im Hinterhof oder ganzjährig in einem dunkeln Stall. Landlose, arme Arbeiter, die selber ein karges Leben führten, hielten sich eine Ziege. Komplett gegen das heutige Tierschutzgesetz. Ein robustes, genügsames Tier, das etwas Milch gab und schlussendlich auch Fleisch. Inzwischen ist diese Anbindehaltung nicht mehr erlaubt. Ziegen, die angebunden gehalten werden, müssen regelmäßig Auslauf haben. Das Tüdern von Ziegen gilt nicht als Auslauf. Und allein dürfen die Ziegen auch nicht gehalten werden.

Während ihrer Zeit auf der Stadtalp passierte das, wovor ich immer Angst hatte. Obwohl wir alles sorgfältig vorbereitet hatten, war da eine Lücke im Zaun, und die Ziegen sind hindurchgeschlüpft. Ich war an diesem Tag ein gutes Stück weg von der Stadt. Der nächste Bus ging erst vier Stunden später. Da erhielt ich den Anruf, dass zuerst eine, dann die zweite, dann die dritte Stiefelgeiß ausgerissen sei. Und ich stellte mir vor, wie die Stadtgeißen durch das Beachvolleyballfeld am Fluss stürmen, Sand aufwirbeln, über die Kornhausbrücke rennen, Autos zum Schlingern bringen, Menschen zum Kreischen. Zum Glück gab es diesen Mann, der direkt neben der Wiese lebt. Ich habe ihn angerufen. Er hatte keine Erfahrung mit Ziegen, aber Freude an ihnen. Er versprach nachzuschauen und rief kurz darauf wieder an. Die Ziegen waren zuerst beim Bienenzüchter gewesen. Dann im Restaurantgarten beim alten Eisenbahnwagen. Von dort führten er selbst und der Wirt die Ziegen zurück. So sind sie, die Städter. Manchmal. Unkompliziert und hilfsbereit. Und das Loch im Zaun wurde geflickt.

ANLEITUNG ZAUNHOCKER

Material:
Karton
Leim
Eimer
Schere
Maler-Abdeckklebeband
leere Konservendose
Farbe
Klarsichtlack
Pinsel

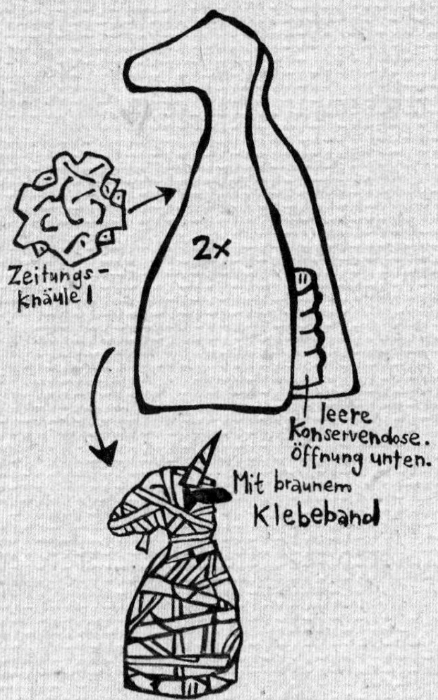

Auf den Karton zweimal die Umrisse einer Ziege ohne Hörner, ohne Ohren, ohne Beine zeichnen und ausschneiden. In einem Eimer eine Kleistermischung aus Leim und Wasser anrühren: 2 Teile Leim, 1 Teil Wasser mischen. Zeitungspapier in Streifen reißen. Nun kommt eine leere Konservendose mit der Öffnung nach unten zwischen die zwei Kartonziegen. Die Konservendose wird später auf den Zaunpfahl gesetzt. So kann die fertige Ziege auf dem Pfosten thronen. Mit Abdeckklebeband die Kartonhälften großzügig so umwickeln, dass sie an der Konservendose halten. Zeitung in Knäuel drücken und die Ziegenfigur polstern, sodass sie rund wird. Den Bauch formen. Den Kopf formen. Auf Karton die Elemente zeichnen, die noch fehlen: Hörner, Ohren, Beine, Arme. Ausschneiden. Mit Klebeband am Körper der Ziege befestigen. Mit Zeitungspapier polstern, bis sie ungefähr die Form haben, die sie haben sollen. Mit Klebeband die Ziege noch einmal großzügig umwickeln, bis die Form stabil ist und gefällt. Zeitungspapierstreifen in die Leim-Wasser-Mischung tunken und die Ziege mit den Leim-Wasser-Zeitungspapierstreifen bekleben, bis die ganze Oberfläche bedeckt ist. Trocknen lassen. Die getrocknete Papiermaché-Ziege bemalen. Und wenn die Farbe trocken ist, mit Klarlack wasserfest machen. Nun kann sie auf einem Zaunpfosten sitzen.

Wer Ziegen hält, muss sich um Zäune kümmern. Ziegen springen hoch und sie wollen wissen, was außerhalb ihrer Weide läuft. Wir haben einen Mehrdrahtzaun, der sich bewährt hat. Der unterste Draht 25 cm ab Boden. Damit kleine Wildtiere wie der Igel unten durchkriechen können. An manchen Stellen sind statt der Drähte Kunststofflitzen gespannt. Alles elektrisch geladen, von einer kleinen Photovoltaikanlage gespeist. Ich hasse die Stromschläge, wenn ich unvorsichtig am Zaun hantiere. Manchmal, da knallt es mich vor Schreck rückwärts durch die Luft. Darum schalte ich den Strom häufig wochenlang aus. Und erst, wenn ich merke, dass die Ziegen merken, dass da der Weg frei wäre, stelle ich den Strom wieder an. Gemäß Gesetz ist ein Tierhalter verpflichtet, den Zustand der Einrichtungen regelmäßig zu überprüfen und Mängel unverzüglich zu beheben. Jährlich sterben Wildtiere in Zäunen. Besonders kritisch sind natürlich Stacheldrähte, aber auch die flexiblen Weidenetze. Sie können zur tödlichen Falle werden. Ich hatte am Anfang mit diesen Kunststoffnetzen experimentiert. Vor allem für temporäre Weiden. Als Zäune, die mit der Herde mitwandern. Und einmal war ich etwas nachlässig, habe sie nicht gut gespannt. Denn es ist viel Arbeit und mühsam. Da hat sich die Ziege Emilia mit ihren Hörnern darin verfangen und konnte weder vor noch zurück. Das war ein Schreck, der hat gesessen. Ich habe Emilia aus dem orangen Fadengewirr geschnitten und gelernt: Richtiges Zäunen ist wichtig, und Nachlässigkeit kann für die Tiere sogar tödlich sein.

Lackiert halten die Ziegen aus Papiermaché auch Wind und Regen aus.

Mit Eichenblättern lässt sich die Ziege Emilia auf einen Parcours locken.

ANLEITUNG ZIEGE AUS MASCHENDRAHTZAUN

Aus einem kleinen Stück Zaundraht ist eine mürrische Ziege entstanden. Die meckert.

Material:
Rest Maschendrahtzaun
Wolle
Stroh
Fundgegenstände, mit denen sich die Ziege schmücken lässt

Ein Stück Maschendrahtzaun – unser Stück hatte bereits Ähnlichkeit mit einer Ziege. Also das erhaltene Stück drehen und wenden, bis irgendwo ein Ziegenkopf sichtbar wird oder ein ganz anderes Geschöpf. Und wenn es doch einfach nur nach Maschendrahtzaun ausschaut, lässt er sich natürlich biegen und drehen, bis irgendwann eine Figur daraus wird.
Für das Kleid: Wolle spannen und Stroh hindurchflechten. Mit allem, was sich gerade finden lässt, schmücken. Auch die Hörner sind aus Stroh.
Die Maschendrahtziege kann als Dekoration am Fenster hängen und in Wind und Wetter hinausschauen. Oder sie tritt als Meckererin in einem Puppentheater auf.

Drahtziegen ergeben vom Licht angestrahlt faszinierende Schattenbilder. Auf einem Blatt Papier nachgezeichnet, werden eindrückliche Postkartengrüße daraus.

Wiesentraum. Traumwiese Gemeinsam mit den Wiesenbesucherinnen und Wiesenbesuchern bin ich der Frage nachgegangen: »Was wäre, wenn wir als Laien ein Stück Stadt erfinden würden? Wie soll diese Traumwiese ausschauen? « Gemeinsam gestalten. Gemeinsam pflegen. Gemeinsam feiern. Poetisch. Einfach. Ausprobieren und vielleicht auch scheitern. Wir setzten uns zusammen. Alles war erlaubt. Übermütige Klettertürme. Verrückte Geschichtenschiffe und weiche Wolkenburgen für ruhige Momente. Wir hatten kleine Hölzer, Kieselsteine, Moos, Aststücke, Schafwolle und Flechten zur Verfügung. Und eine Kiste. Darin haben wir unsere Traumwiese gestaltet. Wir haben Wegweiser aus Worten hineingesteckt. »Ein Zelt aus Regentropfen.« »Ein Kissenschlachten-Turm.« »Ein Wohnwagen, in dem wir Freunde treffen und übernachten können.« »Ein Duftgarten.« »Ein fliegender Teppich.« »Mit den Ziegen über die Dächer springen.« »Eine Bühne mit Aussicht.« »Luftige Schwünge.«

Wir haben verhandelt und gesucht, wie wir diese Ideen in die Tat umsetzen können. Wie wird ein Traum Realität? Was geht? Was geht nicht? Dann bekam ich einen Zirkuswagen geschenkt. Eigentlich war es ein alter Militärfunkwagen, aber »Zirkuswagen« klingt schöner. Und damit war der größte Wunsch in Erfüllung gegangen. Denn von einem solchen Wohnwagen hatten viele geträumt. Darin wurde nun gebastelt, gefeiert und Theater gespielt und auf dem Dach getanzt. Und manchmal wandelt ein König über die Wiese. Oder eine Piratin. Denn wir haben auch einen Koffer voller Schätze erhalten. Die Theaterschneiderin, die neben der Wiese lebt, hat ihn mit Kleidern gefüllt. Mit Stoffen aus dem Brockenhaus, aus dem Trödelladen. Wahre Kunstwerke.

Wir hatten Metallrohre und haben uns mit diesen Metallrohren hingestellt, als wären es Fernrohre. Dann haben wir uns überlegt, was würde der Specht wohl gerne sehen. Oder die Raupe. Und was ein Fußgänger, der an der Wiese vorbeispaziert. Und wir haben in die Röhre hinein genau die Dinge gebastelt, die der Specht sieht, die Raupe oder der Fußgänger. Und ja, der Specht, der sieht einen tanzenden Käfer, die

Raupe eine Libelle mit Lachfalten, und der Fußgänger entdeckt eine Wolke und darauf einen Specht. Dazu haben wir uns Geschichten ausgedacht. Darin hat der Specht leider Heuschnupfen. Am Straßenrand haben wir einen Stuhl gefunden. Wir haben ihn mitgenommen und mit Gras bepflanzt.

Wir haben sowieso viel gepflanzt. Auf die Rücken der Holzziegen. Und die Ziege, die größer ist als ein Hochhaus, haben wir mit Kürbissen überwachsen lassen. Und ich habe mich an eine Ziegenmaske gewagt.

Metallrohre als Ausguck in eine Fantasiewelt.

Pansengurgeln Im Winter gibt es keine große Auswahl an Futter. Und trotzdem sieht es jeden Tag so aus, als würden sich die Ziegen am Heu freuen. Tag für Tag genussvolles Kauen. Heu riecht fein. Vielleicht ist es auch tatsächlich fein. Ich werde es nie wissen. Denn es ist schwer verdaulich. Ohne Wiederkäuermagen ein Ding der Unmöglichkeit. Das menschliche Verdauungssystem kann die Cellulose nicht knacken. Da könnte ich ewig kauen. Cellulose. Dieses wasserunlösliche Riesending, das fünfzig Prozent der Pflanzenzellwand ausmacht. Aus Tausenden von Glucose-Einheiten ist es zu Ketten aufgefädelt, die sich kristallartig zusammenlagern. Cellulose kann für uns Menschen nur Ballaststoff sein. Auch wichtig, damit die Verdauung in Schwung bleibt. Für die Energiezufuhr hält sich der menschliche Stoffwechsel aber lieber an die Stärke. Also: Stärke für den Menschen ist locker verdaulich, und Cellulose braucht gleich einen Wiederkäuermagen. Verrückt eigentlich, denn Stärke und Cellulose sind so ähnlich aufgebaut. Beide aus Glucose-Bausteinen. Beides Polysaccharide. Der ganze Unterschied zwischen Cellulose und Stärke besteht darin, wie diese Glucose-Teilchen aneinandergehängt sind. Bei der Stärke sind sie schraubenförmig gedreht. Bei der Cellulose sind es flache, lange Reihen, die dann zusammengeknäuelt werden. So ist das Heu für uns unverdaulich. Und nicht nur das. Manch ein Landwirt, der häufig mit Heu hantiert, muss aufpassen, dass er nicht eine »Farmerlunge« kriegt. Denn Heu staubt, und die winzigen Teilchen setzen sich in den Lungen fest. »Dreschfieber« heißt das auch. Kopfschmerzen. Schüttelfrost. Husten. Erhöhte Temperatur. Auch die Ziegen, sagt mir jemand, haben am Ende ihres Lebens Staublungen. Die ganzen Lungenbläschen voller winziger Partikel aus dem Heu. Ich habe noch nie eine Ziegenlunge gesehen am Ende ihres Lebens. Ob die Geschichte stimmt?

Die Ziege schluckt ihr Futter beinahe unzerkaut. Und dann landet es im Pansen, wo eine Vielfalt an Einzellern und Bakterien werkeln und in der Wärme das Heu zum Gären bringen. Ja, der Pansen ist eine Gärkammer. Zweite Station: Netzmagen. Der heißt so, weil sich die Schleimhaut hier ordentlich auffältelt. Das sieht dann wie eine Wabe neben der anderen aus. Und dieses Wabenmuster zieht sich als Netz über die ganze innere Oberfläche. Hier wird das Futter zu kleinen Klößchen gepresst. Und diese Klümpchen würgt die Ziege hoch und kaut sie wieder. Eine knappe Minute lang. Das sind ungefähr 68 mahlende Kieferbewegungen pro Bissen. Und pro Tag? Da kaut eine Ziege schon mal elf Stunden wieder. Wenn sie dann den Bissen ein zweites Mal schluckt, ist er gut eingespeichelt. Jetzt rutscht die Nahrung am Pansen vorbei in den Blättermagen. Psalter heißt dieser Abschnitt in der Sprache der Wissenschaft. Und Psalter ist ja eigentlich auch das Buch der Psalmen. Es sieht in diesem ballonartigen Ding tatsächlich aus, als hätte die Ziege un-

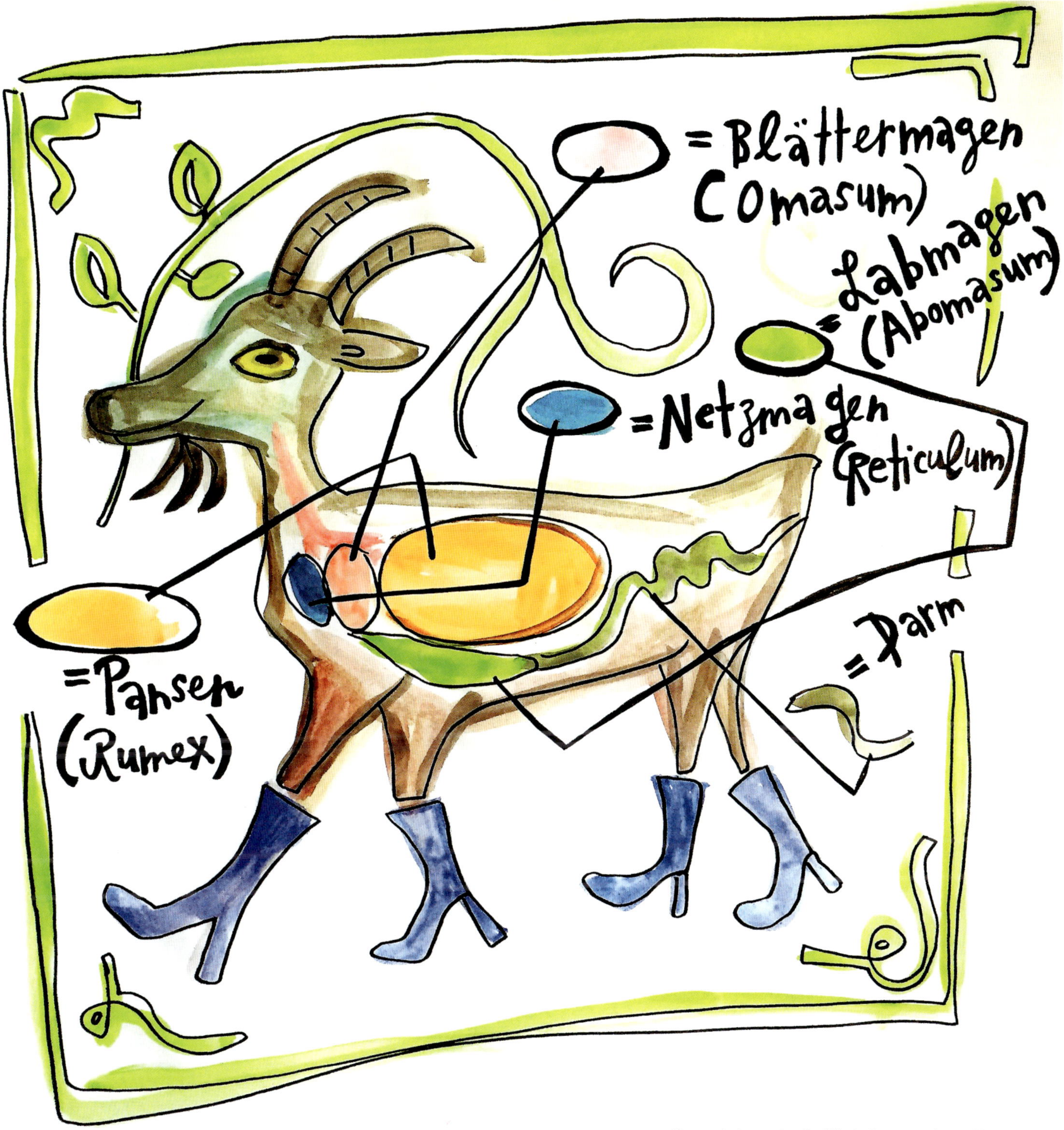

Ziegen haben wie alle Wiederkäuer mehrere Mägen.

Die größte Ziege auf der Wiese hat eine Schulklasse gebaut.

zählige Buchseiten verschluckt. Und wenn jemand in dem Psalter drin hockte, dann könnte er jetzt feierlich diese Psalmen rezitieren. Schleimhautfalten wie Textseiten. Vor allem wird im Psalter der Nahrung die Flüssigkeit entzogen. In der letzten Station vor dem Darm, dem Labmagen kommen Verdauungssäfte dazu. Der Labmagen entspricht am ehesten unserem menschlichen Magen. Hat er doch wie dieser eine Drüsenschleimhaut. Und wie in unserem Magen wird im Labmagen der pH-Wert durch Salzsäure abgesenkt. Im Labmagen also die chemische Verdauung mit Enzymen, in den Mägen davor die biologische Verdauung mit Hilfe von Mikroorganismen und das mechanische Zermalmen mittels Magenmuskelarbeit.

Den Begriff Lab kennen wir natürlich vom Käsen. Bei Jungtieren, die noch Milch saugen, produziert der Labmagen auch das Labferment. So wird die Milch verdaulich. Sie gerinnt. Und es ist wichtig, dass die Milch beim Schlucken direkt in den Labmagen gelangt. Denn, was hat sie im Pansen zu suchen? Wiedergekäute, vergorene Milch? Natürlich sorgt die Natur vor, damit alles klappt, wie es klappen soll. Deshalb gibt es Chemorezeptoren im Maul der Jungtiere. Chemorezeptor bedeutet in diesem Fall, dass es da eine Stelle gibt, die über den neunten Hirnnerv dem verlängerten Mark, der *Medulla oblongata*, meldet: Da ist jetzt grad Milch im Maul. Und weil schnell gehen muss, was jetzt passiert, ist das Einschalten der *Medulla oblongata* die perfekte Lösung. Hier werden noch andere reflektorische Reaktionen ausgelöst: der Hust-, der Brech-, der Schluck- und der Saugreflex. Die *Medulla oblongata* liegt zwischen Rückenmark und Hirn. Und ist in unserem Fall dafür zuständig, dass über den zehnten Hirnnerv die »Milch im Maul«-Meldung sofort zum Netzmagen geht. Und sofort dreht dieser die Haubenlippen spiralig auf. Und so rinnt die Milch von der Speiseröhre am Pansen vorbei und landet direkt im Labmagen.

Ziegen rülpsen und furzen. Bei der Gärung in ihren Vormägen entstehen viele Gase. Methan zum Beispiel, das Treibhausgas. Methan ist mitverantwortlich für den Klimawandel. Es fängt genau wie CO_2, das berühmteste der Treibhausgase, Wärmestrahlen, die von der Erde reflektiert werden, wieder auf und hält sie in Erdnähe zurück. Methan. Das Furzgas. Aber es ist nicht das Methan, das stinkt. Es ist der Schwefel. Methan brennt dafür. Und besonders Mutige (und gleichzeitig Vorsichtige!) machen das im Kasten beschriebene Experiment.

Das beste Heu Dem Namen nach stammt es von der Esparsette. Denn auf Französisch heißt sie *Sainfoin*, gesundes Heu. Da kann sie gar nicht anders, als die vorzüglichste zu sein. Und tatsächlich: Dieser Schmetterlingsblütler birgt eine geballte Ladung Wunder. Mit ihrem außergewöhnlich

EXPERIMENT BIOGAS SELBER HERSTELLEN

Biogas besteht zu 50 Prozent aus Methan. Wir simulieren also, was im Ziegenmagen passiert.

Material:
Organische Küchenabfälle (z. B. klein geschnittene Karotten- und Kartoffelschalen, Salatreste), eventuell etwas Ziegenkot
1 Brühwürfel
10 TL Erde
PET-Flasche
warmes Wasser
1 TL Zucker
1 Luftballon
1 Gummiband

Die Küchenabfälle werden mit dem Brühwürfel und 10 TL Erde in der Flasche vermischt. Die Flasche wird bis zur Hälfte mit warmem Wasser aufgefüllt und mit 1 TL Zucker bestreut. Der Luftballon wird über den Flaschenhals gestülpt und mit einem Gummiband befestigt. Nun ist die Flasche luftdicht abgeschlossen. Gärung findet immer ohne Sauerstoff statt. Nun wird die Flasche an einem warmen, dunklen Platz drei Tage aufbewahrt. Dunkel, warm und kein Sauerstoff – das sind die Bedingungen, unter denen die gärenden Mikroorganismen gut arbeiten können. Nach wenigen Tagen bläht sich der Luftballon etwas auf. Das Gas lässt sich entzünden. Während der Gärung ist Essigsäure, Wasser und Kohlenstoffdioxid entstanden. In einem weiteren Schritt wurde die Essigsäure gespalten, und Wasserstoff wird frei. Dieser Wasserstoff reagiert mit CO_2 zu Methan. Der Inhalt der Flasche kann kompostiert werden. Aber zuerst noch die Nase daranhalten.

EXPERIMENT FEUERSCHLANGE

Material:
Gasflasche mit Erdgas (Erdgas besteht zu 60 Prozent aus Methan)
Schlauch
Seifenlauge in einer Schüssel
Feuerzeug

Aus der Gasflasche wird über den Schlauch Methan in die Seifenlauge geführt. Es entsteht weißer Schaum. Das Methan darin ist leichter als Luft. Deshalb ist der Schaum leicht und steigt auf. Wie eine Schlange. Dieser Schaum kann nun von einer erwachsenen Person in die Hand genommen und gefahrlos angezündet werden. Es gibt eine große Flamme. Aber diese Flamme breitet sich nach oben aus und die nasse Schicht kühlt die Hand. Ungefährlich, aber spektakulär.

EXPERIMENT WUNDERKERZEN-FLAMME

Material:
Schnur
2 Luftballons
Luft
Erdgas
Wunderkerze
Faden

Im Freien eine Schnur spannen. Ein Ballon wird mit Atemluft und der andere mit Erdgas (Methan) aus dem Gashahn gefüllt. Die Ballone werden an die Schnur gehängt. An jeden Ballon wird nun eine Wunderkerze befestigt (die Wunderkerze soll dicht am Ballon brennen). Der mit Luft gefüllte Ballon platzt. Der mit Methan gefüllte Ballon platzt ebenfalls und das entweichende Methan entzündet sich.

HEUSUPPE MIT HAGEBUTTENPLÄTZCHEN UND HEUBROT

Für die Suppe:
1 l Bouillon
75 ml Apfelsaft
1 Handvoll wohlriechendes Heu
Thymian, Oregano, Majoran
½ Zwiebel, fein geschnitten
1 Stange Lauch, klein geschnitten
½ Peperoncino (milde Chili), fein geschnitten
Butter zum Andünsten
200 ml Rahm (Sahne)
50 ml Apfelsaft
Salz und Pfeffer
geschlagener Rahm, frische Thymianblättchen, frisches Heu zum Servieren

Die Bouillon zusammen mit dem Apfelsaft aufkochen. Das Heu und die Kräuter dazugeben. Alles 4 Minuten kochen (nicht länger, sonst gibt es einen bitteren Geschmack), dann abseihen. In einem zweiten Topf Zwiebel, Lauch und Peperoncini in etwas Butter andünsten. Die Heubouillon und den Rahm zugießen und aufkochen. Die 50 ml Apfelsaft dazugeben und nochmals ganz kurz aufkochen. Zum Schluss mit Salz und Pfeffer abschmecken. Mit etwas geschlagenem Rahm und Thymianblättchen servieren.

Für die Hagebuttenplätzchen:
15 Hagebutten
150 g Parmesan
1 EL feiner Maisgrieß
1 EL Mehl
Macis, Nelkenpulver, Pfeffer

Das rote Hagebuttenfleisch sorgfältig von den Samen mit ihren Wiederhäkchen lösen und in kleine Streifen und Stückchen schneiden. Den Parmesan in eine Schüssel reiben, 1 EL feinen Maisgrieß und 1 EL Mehl daruntermischen und die Hagebuttenstückchen dazugeben. Würzen. Eine beschichtete Bratpfanne von etwa 20 cm Durchmesser ohne Fett warm werden lassen.
1 EL Käsemischung gleichmäßig auf den Pfannenboden streuen, bei mittlerer Hitze rund 2 Minuten backen, bis der Käse an der Oberfläche geschmolzen und an dünnen Stellen goldgelb ist. Sorgfältig herausnehmen, abkühlen lassen und mit Heubrot zur Suppe servieren.

Für das Heubrot:
1 Handvoll Heu
500 ml warme Milch
Das Heu 1 Stunde in die Milch einlegen. Danach abseihen.

Hefeteig:
20 g Hefe
500 ml Vollmilch, temperiert
2 EL flüssiger Honig
je 250 g Dinkelweiß- und -halbweißmehl
1 TL Salz
25 g Butter, geschmolzen, abgekühlt

Die Hefe und den Honig mit der Milch verrühren. Mehl und Salz beifügen. Die Butter darübergießen und alles zu einem Teig kneten. Zugedeckt 10 Minuten bei Raumtemperatur ruhen lassen. Dann den Teig von Hand nochmals kurz kneten, zu einer Kugel formen und zugedeckt weitere 10 Minuten ruhen lassen. Zweimal nach je 10 Minuten wiederholen. Dann den Teig zugedeckt 30 Minuten stehen lassen. Zu einem Brot formen und in der Mitte des auf 210 Grad vorgeheizten Backofens backen.

TISCHDEKORATION FÜR DIE HEUSUPPEN-MAHLZEIT

Aus Karton Formen ausschneiden. Mit Heu einpacken und mit Wolle umwickeln, bis das Heu hält.

Und für zwischendurch:

AUS SEIFE EINE ZIEGE SCHNITZEN

Jede Seife eignet sich zum Schnitzen. Und weil Seife weich ist, braucht man auch kein scharfes Messer.

hohen Anteil an Tanninen drängt sie im Verdauungstrakt Magen-Darm-Würmer zurück. Außerdem reduziert Esparsettenheu Blähungen. Getrocknete Esparsette im Futter ist also ein winzig kleines, aber feines Klimaschutzprojekt. In den Sechzigerjahren wurden die Breitbandwurmmittel entwickelt. Seither kommen diese Medikamente zum Einsatz. Und damit ging der Esparsettenanbau als Heupflanze zurück. Aber jetzt, wo sich Resistenzen gegen die chemische Wurmbekämpfung entwickeln, wird die Esparsette neu entdeckt.

Und sonst? Was ist gutes Heu? Natürlich kommt es auf die Mischung an. Und auf den Zeitpunkt des Grasschnitts. Heu, das früh im Jahr geschnitten wird, ist gehaltvoller. Es hat weniger Stängel. Der zweite Schnitt heißt Emd. Im Emd hat es mehr Kräuter, mehr Klee, mehr Eiweiß. Ziegen sind wählerisch. Und verschwenderisch. Sie zupfen aus dem Heu nur das, was ihnen gerade passt. Und lassen dann Reste übrig. Manchmal nervt das. Denn der Heueinkauf geht natürlich auch ins Geld. Am schönsten und ökologischsten wäre es, wenn man so viel Land hat, dass man selber heuen kann. Ökologisch deshalb, weil es dann keinen zusätzlichen Nährstoffeintrag gibt. Zugekauftes Heu bedeutet zusätzlichen Kot. Und der wirkt wie Dünger, was auf mageren Ökoflächen unerwünscht ist. An magere Standorte angepasste Pflanzen können sich gegen die Fettwiesenpflanzen nicht durchsetzen und verschwinden.

Ihr könnt gerne hämmern. Wann immer ihr wollt.
Die 2-Hammer-Regel:
1. Hammer & Nägel wieder versorgen...
2. Keine Nägel herumliegen lassen. ***

Mantel und Bart

Notizen von der Eiche Im ersten Stadtgeißensommer wachsen auf dem Misthaufen Kürbisse und Zucchini. Der zweite Sommer ist heiß und trocken. So heiß, dass ich nicht mehr gießen mag. Wir holen unsere Gäste mit den Ziegen auf dem Pausenplatz ihrer Schule ab und spazieren mit der großen Herde aus Kindern und Tieren durch die Stadt. Die Schulklassen finden es lustig, dass auch die Ziegenfrauen einen Bart tragen. Und sie striegeln mit Inbrunst die »Mäntel« der Tiere. Denn Mäntel haben sie. Das zeichnet die Stiefelgeißen aus. Stiefel und Mantel. Immer gut gekleidet. Mit dem Mantel ist das lange Fell am Rücken gemeint. Nur bei Vaniglia fehlt der Mantel. Sie hat ein kurzes Silberfell.

An keinem dieser Tage regnet es. Manchmal ist es in diesem Sommer so heiß, dass sich die Ziegen nicht mehr aus dem Schatten wagen. Statt Wolkenbrüchen gibt es einen seltsam riechenden Regen aus allen Bäumen. Vor allem von der großen Eiche lassen sich Baumwanzen zu Boden fallen. Hunderte. Überall riecht es nach diesen Tierchen. Süß, klebrig, bitter nach Koriandermarzipan und scharfem, grünem Apfel. Die Wanzen klammern sich mit ihren leuchtend roten Beinen in den Haaren fest und rutschen über den Hals in den Ausschnitt.

Eine Lehrerin schreibt: »Etwas vom Schönsten bei euch war, dass die Kinder während des ganzen Tages kein einziges Mal gestritten haben.« Am Anfang sagte ich mir: »Ich bin Biologin, habe als Lehrerin gearbeitet, habe Umweltbildungsprojekte entwickelt und an der Pädagogischen Hochschule Kurse gegeben. Du musst zeigen, was du kannst.« Es gibt so vieles, was ich vermitteln will, und ich habe mir überlegt, welche ausgeklügelten didaktischen Konzepte ich für die Workshops auf der Wiese entwickeln könnte. Ich notierte, was die Kinder am Abend alles gelernt haben müssen. Über die Ziegen. Über Trockenwiesen. Artenvielfalt. Raumplanung. Den Kleiber, den Gartenrotschwanz, die Mönchsgrasmücke und all die anderen Vögel auf der Wiese. Über den Milan, der hoch oben seine Kreise zieht. Über Heuschrecken. Klimaschutz. Die Welt verändern natürlich. Und habe alles verworfen. Weil ich schon immer mit den Ideen der Postwachstumsgesellschaft liebäugle. Der Décroissance-Bewegung. »Vivre plus simplement pour que d'autres puissent simplement vivre.« Décroissance. Ein schönes Wort. Mit einem schönen Symbol. Der Schnecke. Ruhig. Beharrlich. Langsam. Ich wollte das Langsamwerden ausprobieren, obwohl das nicht einfach ist für mich: alles reduzieren, den Inhalt der Workshops, das, was ich vermitteln will. Im Gegenzug dafür: Innehalten. Wahrnehmen. Vertrauen. Und schauen, was entsteht.

Auf den sieben
Ziegenwiesen sitzen
rosa Ziegenliesen,
kneifen zarte
Zuckerriesen bis
sie lila Zecken
niesen.

Typisch für die Stiefelgeißen sind die langen Grannenhaare auf dem Rücken (Mantel) und an den Beinen (Hosen).

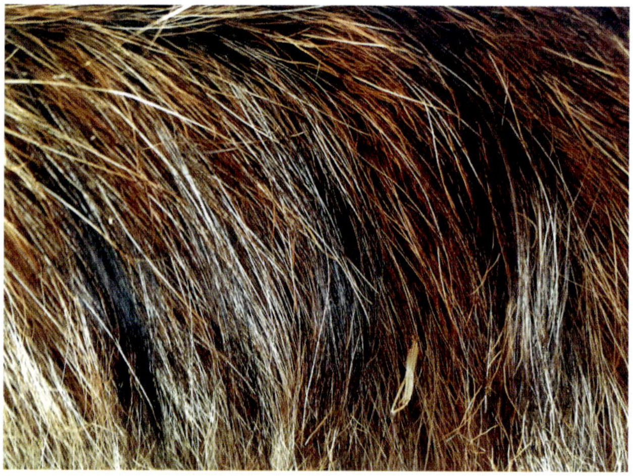

Zweibeiner und Vierbeiner, die auch Zweibeiner sein können.

Fichtennadeljus Feiern und Zusammenkommen. Das ist wichtig auf der Wiese. Und die Ziegen feiern mit. Gras und Heu haben sie immer. Aber eigentlich hätten sie Lust auf Blätter und Rinde. Leckerbissen für zwischendurch. Und klein geschnittene Karotten. An ganzen Karotten könnten sie ersticken. Sehr gerne haben sie die Nadeln der Fichte. Sowieso Nadeln. Natürlich keine Eibennadeln und keine Nadeln von der Thuja. Die Thuja heißt zwar Lebensbaum, ist aber vollgepackt mit giftigen ätherischen Ölen. Und bei der Eibe, da reichen 300 Gramm, und die Ziege stirbt. Eigentlich will ich immer einmal den roten Samenmantel, den sogenannten Arillus, der Eibenfrucht probieren. Er ist als einziger Teil der Eibe ungiftig und soll säuerlich-herb schmecken. Aber ich habe mich bisher noch nicht daran gewagt. Also. Ziegen weg von der Thuja und weg von der Eibe. Aber Fichtennadeln gerne.

Fichtennadeln sind ein Ziegentraum. Gut für die Verdauung und nützlich als Vorbeugung gegen Darmparasiten. Deshalb am 24. Dezember abends noch am Weihnachtsbaumstand vorbeigehen und die nicht verkauften Bäume abbetteln. Für die Ziegen. Und manchmal beim Waldspaziergang pflücke ich eine Handvoll Fichtennadeln für mich selbst und koche daraus einen Fichtennadeljus. Einmal stand der Siegrist auf der Leiter vor der Kirche und sägte die Äste vom Weihnachtsbaum. Es war bestimmt ein Siebenmeterbaum. Und die Äste stopfte er in die grüne Abfalltonne. Weil ich gerade daran vorbeispazierte, fragte ich ihn, ob ich die Äste mitnehmen kann. Als Ziegenfutter. Ich nahm fast mehr mit, als ich tragen konnte, und sah selber aus wie ein Tannenbaum – einer, der gehen kann. Die Ziegen rissen mir die Zweige aus den Händen. Und sahen wohl nicht die kleinen, verholzten ananasförmigen Gallen daran. Das Haus der Fichtengalllaus, die hier ihre Eier legt. Und dann bildet die Fichte diese seltsamen winzigen Ananashäuschen. Der kirchliche Weihnachtsbaum war voll davon.

Ziegenhochbeet Ein Gärtchen auf der Wiese. Das wäre schön. Aber der Boden war voller Steine. Eine ehemalige Kiesgrube halt. Und so haben wir die Steine bemalt und aufgetürmt und auf den harten Boden Hochbeete gestellt. Hochbeete aus Brettern, Ziegelsteinen und allem, was wir gerade fanden. Und diese Hochbeete haben wir dann in Ziegen verwandelt. Auf ihrem Rücken Senf, Linsen, Tomaten und Kohlrabi angepflanzt.

Ich war neugierig, ob die Knöllchen der Knöllchenbakterien an den Wurzeln der Linsen tatsächlich so gut zu sehen sind wie in den Lehrbüchern. In den Knöllchen binden Bakterien Stickstoff aus der Luft, die in die Bodenporen dringt. Den Stickstoff bauen die Linsen dann in die Aminosäuren ein und ketten diese zu Proteinen zusammen. Denn der

Weihnachtsbäume sind ein Leckerbissen. Sollten aber kein Wachs an den Ästen haben.

Stickstoff aus der Luft, der in Form von N_2, ist für Pflanzen eigentlich unzugänglich. Obwohl die Luft viel Stickstoff enthält. Und tatsächlich sind an den Linsenwurzeln diese Knöllchen zu sehen. Die verwandeln N_2 in Ammoniak. Gestern beim Misten stach uns der Ammoniak in der Nase. Der aus dem Ziegenkot. Die Ernte der Linsen war dann wirklich eine Freude. Immer zwei winzige Linsen in einer Hülse. Jede Hülse ist wie ein kleines Geschenk zum Auspacken. Aber es dauert, das Auspacken. Und es ergab nur ein kleines Schälchen voll. Jedes Mal wenn ich nun ein Paket Linsen kaufe, denke ich: Wie machen die das bloß?

Es gibt noch ein Geheimnis. Auf der Wiese sind nicht nur die Knöllchenbakterien der Schmetterlingsblütler fähig, Luftstickstoff zu fixieren. Bei uns lebt auch der Sternenschneuzer, auch Hexenspucke genannt. Manchmal ist er da und manchmal nicht. Und wenn die Hexe auf ihrem Besen durch die Lüfte saust und sich räuspert und spuckt, dann landen diese Dinger grad am Eingangstor auf dem Kies. Feuchte Häufchen. Glitschig und glibberig. Wer sie unter dem Mikroskop anschaut, entdeckt eingebettet in dieses Gelee feinste Perlenketten. Einige der Perlen sind größer als die anderen. Sie nehmen den Luftstickstoff auf. Denn diese Hexenspucke ist eigentlich eine Blaualge. Blaualgen, oder vielleicht korrekter Cyanobakterien, sind urtümliche Lebewesen. Sie haben die erste Luftverschmutzung der Weltge-

KAROTTEN-KARTOFFEL-STOCK MIT FICHTEN-NADELJUS

10 g Butter
1 Zwiebel, gehackt
2 TL Zucker
200 ml Gemüsebouillon
100 ml Orangensaft
4 cl Whisky
2 EL Honig
1 Handvoll Fichtennadeln, klein geschnitten
750 g Karotten
500 g mehligkochende Kartoffeln
10 g Butter, flüssig
Salz, Pfeffer und Muskat

Die Butter in einer Pfanne schmelzen. Die Zwiebel und den Zucker darin leicht karamellisieren lassen. Mit Gemüsebouillon ablöschen. Orangensaft, Whisky und Honig dazugeben. Die klein geschnittenen Fichtennadeln einstreuen und alles aufkochen. Vom Herd nehmen und 10 Minuten ziehen lassen. Dann abseihen.
Die Karotten schälen und in 1 cm dicke Scheiben schneiden. Die Kartoffeln schälen und klein würfeln. Beides zugedeckt in 200 ml Salzwasser 30–35 Minuten weich garen. Unmittelbar vor dem Servieren Karotten und Kartoffeln mitsamt der Garflüssigkeit grob pürieren oder stampfen. Den Fichtennadeljus erwärmen. Die flüssige Butter unter das Püree mischen und mit Salz, Pfeffer und Muskat pikant abschmecken.
Mit dem Fichtennadel-Whisky-Jus servieren.

Auf den Rücken der Holzziegen wachsen Rosmarin, Salbei und Oregano.

Auf der Ziegenwiese ist der »Verein Stadtgeiss« entstanden: Menschen aus dem Quartier gestalten ihren eigenen Park.

schichte auf dem Gewissen. Weil damals, als alle Lebewesen noch ohne Sauerstoff zurechtkamen, da waren sie die Ersten, die die Photosynthese ausprobierten. Und prompt entstand aus dem allgegenwärtigen CO_2 das Abfallprodukt Sauerstoff. Das bekam vielen Einzellern damals nicht gut. Aber für uns war es der Start allen Lebens. Und natürlich hat die Hexenspucke deshalb auch einen wissenschaftlichen Namen, sie heißt *Nostoc commune*.

Nachtwächter Es ist lustig, den Ziegen beim Eindösen zuzuschauen. Die Augen fallen zu. Aber es braucht nicht viel, und die Ziege reißt sie wieder auf. Wiederkäuer schlafen anders als Tiere mit nur einem Magen. Sie dösen. Sich gemütlich auf ihren Bauch zu legen, geht nicht. Sonst können die Gase nicht aus dem Pansen entweichen. Ziegen liegen eher auf ihren Beinen, um so dem Magen genug Raum zu lassen. Und wenn sie abliegen, senken sie zuerst den Kopf und knicken die Vorderbeine ein. Es sieht aus, als würden sie in die Knie gehen. Intuitiv denken wir Menschen, das muss das Knie sein. Aber es ist das Karpalgelenk, das Vorderfußwurzelgelenk. Das Knie ist eins weiter oben. Ziegen sind Zehenspitzengänger. Der Fuß ist lang gestreckt nach oben.

Häufig liegen Ziegen gar nicht beim Schlafen. Sie stehen. Fluchttiere können es sich nicht leisten, Zeit zu verlieren. Wie wäre das denn, wenn ein Raubtier kommt, und die Ziege sagt: »Zähl bitte auf zehn, ich muss mich zuerst aufrappeln. Lass mir bitte einen Vorsprung.« Auch an den Augen erkennt man, dass die Ziegen Fluchttiere sind. Die Augen liegen an der Seite des Kopfes und gewähren so einen guten Rundumblick. Denn meistens schleicht sich der Jäger von hinten an. Wäre ja blöde, er käme direkt von vorn. Und die Pupillen der Ziegen – dieser horizontale Schlitz, durch den das Licht der Welt fällt – helfen auch, damit der Rundumblick gewahrt bleibt. Auge ist nicht gleich Auge. Was zum Beispiel sieht der Tintenfisch mit seiner W-förmigen Pupille? Oder die Gelbbauchunke mit ihrer herzförmigen Blende? Wir wissen: Die Ziegenpupillen unterstützen auf jeden Fall den Panoramablick, der bereits durch die Augenstellung vorgegeben ist. Wie beim Schaf oder beim Zebra. Und diese waagrechte Form der Pupille sorgt dafür, dass die Tiere in der Horizontalen besonders scharf sehen. Störendes Licht von oben wird ausgeblendet. Und wenn sich der Pflanzenfresser bückt, dann drehen sich die Augen mit. Beim Grasfressen zum Beispiel: Der Pupillenschlitz bleibt parallel zum Boden. All das haben die Fleischfresser nicht nötig. Was sie brauchen, ist die Fähigkeit, Entfernungen abzuschätzen. Ob sie sich noch etwas anschleichen sollen. Oder schon springen. Darum sind die Augen bei der Katze

Linke Seite, links: Nachtwächterin aus Holzresten. Zusammengehämmert und angemalt.
Rechts: Vaniglia und ihre Tochter Ginny da Clünas schauen zum Fenster in den Stall hinein.

an der Vorderseite des Kopfes. Das verleiht mehr Tiefenschärfe, wenn sich die Sehfelder überschneiden. Und: die Pupille ein vertikaler Schlitz. Der Sprung auf die Beute hoch präzis. Doch es gibt bei diesen Lauerraubtieren natürlich auch Ausnahmen: Löwe und Tiger haben beide runde Pupillen wie wir. Die Schlitze helfen vor allem den kleinen Jägern, die Distanzen gut abschätzen zu können.

Durch ihre lange Geschichte als Nutztiere haben die Ziegen wohl einiges von ihrem Wesen als Fluchttier abgelegt. Beim Schlafen zum Beispiel machen sie beides, entspannen und auf der Hut sein. Sie kuscheln sich liegend aneinander. Oder sie machen ihr Nickerchen auf allen Vieren. Dann gibt es wiederum Tiere, die im Stehen schlafen, weil sie zu schwer sind zum Liegen. Das Nashorn oder der Elefant. Ihr eigenes Gewicht würde zu stark auf den Lungen lasten. Man denke nur an den gestrandeten Wal, der sich selbst erdrückt.

Energi

Eine Schulklasse ließ eigenwillige Holzziegen entstehen, die nun die Gäste begrüßen.

HASELNUSS-RANDEN-CARPACCIO MIT EICHENRINDEN-CONFIT UND POLENTA

Gerbstoffe verursachen ein seltsam zusammenziehendes Gefühl im Mund, irgendwie pelzig, und trotzdem kochen wir in diesem Rezept damit. Natürlich so, dass die Tannine, wie sie auch heißen, gut schmecken, herb und klar. Ziegen mögen Tannine. Sie können sie besser verwerten als Schafe. Bis zu 60 Prozent ihrer Nahrung kann aus Futtermitteln mit einem hohen Tanninanteil bestehen. Laub, Nadelgehölze, Baumrinde. Bei den Schafen geht nicht mehr als 20 Prozent.

Wir machen aus Eichenrinde in Whisky ein Confit mit Zwiebeln und Wurzelgemüse. Eichenrinde hat unter allen Pflanzenteilen die größte Konzentration an Gerbstoffen. Sie sind Fraßschutz in Blättern und Stängeln, und in der Rinde wirken sie zusammen mit der mechanischen Barriere des Korkgewebes als Schutz vor Krankheitserregern. Es gibt hier in der Rinde Zellen, die ganz mit Gerbstoffen gefüllt sind. Unter dem Mikroskop schimmern sie dunkelblau. Und diese Eichenrinde können wir als Tee auch den Ziegen geben, wenn sie Durchfall haben.

Klein geschnittene Eichenrinde im Verhältnis 1:10 mit Wasser und einer Handvoll Kamillenblüten 20 Minuten kochen und abseihen. Etwas Salz und Kastanienmehl dazugeben. Und den magenkranken Ziegen verfüttern.

Sowieso lieben Ziegen Rinde. Nicht unbedingt die der Eiche. Aber Rindenknabbern macht den Ziegen Freude. Für den Baum ist das weniger erfreulich. Die Wasserzufuhr wird unterbrochen. Die Pflanze verdurstet, wenn die Rinde rund um den Baum weggeschält wird. Sind es nur einige Stellen, die durch das Knabbern und Schälen der Ziege verletzt sind, können an diesen Stellen verschiedene Pilze in den Baum eindringen. Besonders anfällig ist die Fichte.

Für das Eichenrinden-Confit:

1 TL Eichenrinde
300 ml Whisky
Olivenöl
4 EL Birnendicksaft
3 große Zwiebeln mit Schale, halbiert
150 g Lauch, fein geschnitten
100 g Champignons, fein geschnitten
150 g Karotten, grob geraspelt
150 g Sellerie, grob geraspelt
2 Lorbeerblätter
1 Nelke
10 schwarze Pfefferkörner
einige Zweige Thymian

Ob Ziegen oder Menschen die Eichenrinde abschaben, es tut der Eiche nicht gut. Deshalb breche ich für dieses Rezept nur einen einzigen feinen Zweig ab. Oder ich kaufe Eichenrindentee in der Apotheke.

1 TL Eichenrinde in einem verschlossenen Schraubglas 60 Stunden in Whisky einlegen. 60 Stunden später wird in einer großen Pfanne Olivenöl erhitzt; den Birnendicksaft darin auflösen. Die Zwiebeln mit der Schnittfläche nach unten darin dunkel rösten. Herausnehmen. Nun Lauch, Pilze, Karotten und Sellerie darin andünsten. Die Zwiebeln zusammen mit Lorbeer, Nelke, Pfefferkörnern und Thymian zurück zum Gemüse geben. Nach und nach den Eichenrinden-Whisky hinzufügen. Zudecken und bei milder Hitze 15 Minuten leise schmoren lassen. Dann den Deckel abnehmen, die Thymianzweige entfernen und die Flüssigkeit etwas einkochen lassen.

Für das Haselnuss-Randen-Carpaccio:

Einige Randen (Rote Bete)
Haselnüsse, gehobelt
Haselnussöl und grobkörniges Salz zum Servieren

Rohe Randen waschen, aber nicht schälen, im 200 Grad heißen Ofen ungefähr 40 Minuten backen. Etwas abkühlen lassen. Gehobelte Haselnüsse in einer Pfanne rösten. Die Randen in feine Scheiben schneiden und auf Tellern anordnen. Öl darüberträufeln. Mit grobkörnigem Salz und den Haselnüssen bestreuen.

Mit Polenta und dem Eichenrinden-Whisky-Confit servieren.

Mit neuem Blick die Welt betrachten: Fünf Sekunden mit dem rechten Auge der Figur in die Augen schauen. Wie verändert sich die Farbe des Himmels? »Gar nicht«, sagen die einen und die anderen sehen plötzlich einen schwebenden Igel.

5 Sekunden lang mit dem
rechten Auge der Figur auf
dem Pfahl linke Auge
schauen. Wie ändert sich
die Farbe des Himmels?

Urbane Einmischung Heute ist auf der Stadtgeißenwiese die Wegwarte aufgeblüht. Und mit ihr ihre ganz eigene Geschichte. Die Tochter, die nicht mehr heimkommt. Es ist Krieg. Niemand weiß, wo sie ist. Gefoltert? Verschleppt? Lebt sie noch, oder ist sie schon tot? Und das unbeschreibliche Leid der Zurückgebliebenen. Die Mutter sitzt am Wegrand. Diese Ungewissheit. Zur Untätigkeit verdammt, wartet sie auf ein Lebenszeichen. Sie sitzt da, fleht die Leute an, die an ihr vorbeigehen. Sie schimpft, flucht. Sie weint und klagt. Fürchtet, den Verstand zu verlieren. Und doch: Sie gibt die Hoffnung nicht auf. Und verwandelt sich in eine Pflanze. Die Blüten so hell und klar wie ihre Augen. Sie und ihre Tochter. Beide haben den gleichen Blick. Und als diese Augen verblühen, sind da die Samen. Drei Millimeter lange Nüsschen. Achänen. Die Schließfrüchte der Korbblütler. Ohne die Fallschirmchen, wie sie der nah verwandte Löwenzahn hat. Nur diese kleinen, eher unscheinbaren Schüppchen, die nicht viel nützen, wenn der Wind weht. Aber verbreitet werden sie trotzdem, weil Vögel sie fressen. Weil sie kleben bleiben am Fell. Und manchmal stürmt es. Dann nimmt sie der Wind doch mit. Auch ohne Propeller. Und neue Wegwarten wachsen. Voller Hoffnung. Suchende blaue Augen.

Einmal habe ich die Wurzel der Wegwarte ausgegraben. Weil ich neugierig auf diesen Kaffee aus Notzeiten war. Zichorienkaffee. Mocca faux. Und Mocca faux wurde dann in der Umgangssprache zu Muckefuck. Vielleicht liegt der Ursprung des Ausdrucks aber auch im rheinischen Dialekt, wo »Mucke« für braunen Holzmulm steht. Und »fuck« für faul. Weil Zichorienkaffee nicht ganz so edel ist wie der Bohnenkaffee. Die Wurzel, die ich ausgegraben habe, war sehr lang, bestimmt eineinhalb Meter. Ich habe sie getrocknet, gemahlen und in der Pfanne geröstet. Und das Pulver mit heißem Wasser aufgebrüht.

Die Geschichte der Wegwarte hat mich als Kind bewegt und auch wieder in diesem Sommer. Tautropfen wie Tränen auf tiefblauen Blüten. Ich spaziere durch die Stadt und sehe überall diese Augen. Ich setze neben diese Augen kleine Zie-

Linke Seite: Mohn und zwei typischen Stadtbewohnerinnen, Kompasslattich und Wegwarte, die auch auf der Stadtgeißenwiese wachsen.

Rechts: Versteckt am Wegrand beobachten Ziegen aus Grashalmen neugierig, wer sie wohl entdeckt.

gen. Aus Gras, Zweigen, Blüten. Ziegenspuren halt. Quer durch die Straßen. Widerspenstige kleine Tierchen. Frech und neugierig. Solche, die sich nicht unterkriegen lassen. Und die Pflanzen daneben, die Nachbarinnen der Wegwarte, haben auch ihre Geschichte. Der Kompasslattich zum Beispiel, der in diesem Jahr an jeder Straßenecke die Richtung anzeigt. Mit seinen Blattspreiten, die er senkrecht hält, damit die Mittagssonne nicht so hart auf die Blattzellen brennt. Und überall liegen sie herum, all diese Geschichten. Wir sammeln Spuren. Denn jede Spur ist auch eine Geschichte. Wir – das ist eine Gruppe unterwegs durch die Stadt. Jeder von uns erhält eine Papiertüte, einen Zettel, einen Stift. Und drei Minuten zum Überlegen. Damit jeder auf seinen Zettel schreibt, was ein anderer suchen soll. Zum Beispiel: »Suche lauter blaue Sachen« oder »Finde Gegenstände, die nicht länger als zehn Stunden hier liegen«. So viele Personen, so viele Suchaufträge. Und unter den Suchauftrag schreibt jeder seine Telefonnummer. Ohne zu verraten, was auf den Zetteln steht, stecken wir sie in unsere Tüten. Und tauschen die Tüten. Jetzt darf jeder für sich lesen, welchen Auftrag er bekommen hat. Die einen müssen harte und weiche Gegenstände suchen. Andere uralte. Stinkende und herrlich duftende. Spitze Gegenstände. Diesen Auftrag erhalte ich. Und wir spazieren gemeinsam durch die Stadt. Ich mit meinem Auftrag. Und sie mit ihren. Und wir gehen und keiner verrät, was er sucht. Wir bücken uns, recken uns, klauben aus Ritzen kleine Gegenstände und knipsen von Ästen frische Blätter ab. Und packen es in unsere Papiertüten. Und als ich an einen schönen Platz komme, mache ich mit meinen Gegenständen ein Bild, vielleicht sogar eine Installation. Und ich fotografiere sie und schicke sie zusammen mit einem Gruß und einem Werktitel an die Telefonnummer, die auf meinem Zettel steht. Und dann präsentieren wir unsere Werke. Wir stellen uns gegenseitig vor, was wir gemacht haben und lassen die anderen raten, was wir denn eigentlich suchen mussten.

Auf der Ziegenwiese, da erfinden wir auch Geschichten und Gedichte. Mit den Kindern, die uns besuchen. Zeilen aus lauter Fragen. Dann klingt ein Gedicht zum Beispiel so: »Wer tanzt, wenn der Weißdorn blüht? Und der Specht Heuschnupfen hat? Wo hat der Oktopus sein Bett? Und weiß der Mond, dass in seiner Nacht ein Käfer dreizehnmal erwacht?« Ja, der Oktopus, der lebt auch auf der Wiese. Ein Mädchen hat ihn aus Holz zusammengehämmert. Und ein Bett dazu.

ANLEITUNG ZIEGENSPUREN

Jedes Kind erhält einen Sack. Darin sind verschiedenste Gegenstände, zum Beispiel Grashalme, Ästchen, Steine, Moos. Und die Aufgabe der Kinder: vier Ziegen zu legen. Und die anderen Kinder schauen sich die Ziegen an. Alle. Und versuchen aus dem Gedächtnis das Gesehene nachzubilden. Das heißt: Materialien suchen, sich die Formen merken und loslegen. Heute beim Misten etwas Mist verteilen, damit dann darauf etwas wachsen kann. Es ist erst Februar, aber irgendwie sind da schon Frühlingsgefühle. Da haben wir gemeinsam einen Zungenbrecher erfunden. Weil ich die so sehr liebe.

Das geht so: Jemand wirft ein Substantiv mit Adjektiv in die Luft, beide mit denselben Buchstaben beginnend. Zum Beispiel: »Die knorrige Knorzknacke«. Zweiter Spieler, nächstes Wort. Das soll wieder mit den gleichen Buchstaben beginnen. Zum Beispiel: »Die knorrige Knorzknacke knopft …« Und so weiter. Bedingung: Irgendwo im Satz muss eine Ziege vorkommen. Also: »Die knorrige Knorzknacke knopft knitterknerzige Knatterziegen ins knurrbuschige Knebelholz.« Und dann natürlich den Satz auswendig wissen. Und zehn Mal hintereinander sagen. Es sind noch viel mehr solcher Zungenbrecher entstanden.

Im Ziegenstall gibt es sieben erhöhte Schlafplätze für die Tiere, zwei Futterkrippen, und unter dem Stallboden leben zwei Kaninchen.

Sich selber ein Stück Stadt aneignen!

Hörner und Klauen

Notizen vom Stalldach Wenn ich so auf dem Stalldach sitze, neben mir meine Tochter, und die Sonne scheint, dann weiß ich, dass die Hörner der Ziegen warm sind. Dass ich sie gerne anfassen würde. Aber das lieben die Ziegen überhaupt nicht. Obwohl sie es eigentlich mögen, gestreichelt zu werden. Zum Beispiel am Kopf, zwischen den Hörnern, an den Wangen. Kraulen und Kratzen. Aber die Hörner selber, da sind sie heikel. Denn ihre Hörner sind wichtig. Nicht nur, weil sie sich zum Kratzen eignen. Auch wegen ihrer schmetternden Rangkämpfe. Die Hörner sind mit der Stirnhöhle verbunden, sind durchblutet. Und sie wachsen zeitlebens. Es gibt einige hornlose Rassen. Die grauen Toggenburger. Die weißen Appenzeller. Oder die berühmten Saanen Ziegen, die bis zu drei Liter Milch pro Tag geben. Aber das Horn-Gen und das Fruchtbarkeits-Gen sind miteinander gekoppelt. Würde das Horn-Gen verschwinden, würde auch das Fruchtbarkeits-Gen verloren gehen. Seltsam: Wie können diese hornlosen Rassen dann überhaupt überdauern? Weshalb sterben sie nicht aus? Das ist so: Auch bei den scheinbar hornlosen Rassen kommt immer wieder eine Ziege mit Hörnern zur Welt. Und diese Horn-Genträger werden in die Zucht eingekreuzt. Und klar, das Fruchtbarkeits-Gen wird hochgeschätzt, die Hörner weniger. Und so wird das Horn bei diesen Rassen häufig weggebrannt, bevor die Ziege drei Wochen alt ist. Das ist ein großer Eingriff auf dem Köpfchen des Zickleins. Ohne Vollnarkose geht da gar nichts. Eine falsche Dosierung, die falsche Temperatur, falsche Lagerung der Medikamente. Das ist heikel. Und der Schädelknochen der Ziegen ist dünn. Das Gehirn liegt direkt darunter. Wenn der heiße Enthornungsstab zu lang auf den Knochen drückt. Es ist nämlich schwierig abzuschätzen, wann es reicht. Dann kann es passieren, dass man durchstößt. Mit dem glühenden Stab direkt ins Gehirn.

Anais' Ziege steht jetzt seit drei Jahren vor dem Stall.

Rechts: »Stadtziegen halt«, sagte eine Ziegenhirtin, als sie hörte, dass unsere Tiere komplett nutzfrei sind.

Mit Ziegen meditieren Wenn Ziegen wiederkäuen, haben sie diesen gelassenen, entrückten Blick. Jede Faser ihres Wesens ist in ihr Tun vertieft. Ganz anders, wenn ich wiederkäue. Gedanken noch einmal und noch einmal denke, wieder und immer wieder. Kopfkarussell. Und da ist mir diese Ziegenmeditation eingefallen. Setze dich hin. Zwischen die Ziegen. Naja. Nicht jeder hat Ziegen. Aber du kannst sie dir vorstellen: die Ziegen, die Wiese, den Hügel. Und jetzt brauchst du nur jemanden, der dir diese Meditation vorliest. Sag deiner Vorleserin, sie soll langsam lesen. Pausen machen. Nimm eine bequeme und aufrechte Sitzposition ein und höre zu:

Du sitzt da. Würdevoll. Ruhig. Die Hände liegen locker auf den Oberschenkeln. Schließe die Augen. Und lass vor deinem inneren Auge eine Wiese entstehen. Gönne dir Zeit auf der Wiese. Das Grün der Eiche. Das Grün des Spitzwegerichs. Das Grün der Gräser. Du atmest dieses Grün ein. Nimm wahr, wie dein Atem in dich einströmt und wieder ausströmt. Das Grün erfüllt deine Lungen. Es gibt nichts zu erreichen. Nicht einmal Entspannung. Verbinde dich mit deinem natürlichen Rhythmus. Spüre den Atem. Spüre das Grün. Hörst du den feinen Glockenton der Ziegen, wenn sie Heu aus der Krippe zupfen? Riechst du das Heu? Spürst du diesen feinen Luftzug, der durch die Bäume streicht? Spürst du den Boden unter deinen Füßen? Lenke deine Aufmerksamkeit wieder auf deinen Atem. Der Luftzug von vorhin, der durch die Bäume streicht. Lass ihn durch deinen Körper fließen. Sanft und ruhig. Er wird von deinem Blut fortgetragen. Und das Blut strömt von den Lungen zum Herzen. Spüre die Kraft deines Herzens. Es pumpt nun deinen Atemzug in die Fingerspitzen. Dein Blut fließt in deine Fingerspitzen. Spüre deine Fingerspitzen. Deine Arme. Deinen Bauch. Spüre deinen Atem. Das Einatmen. Das Ausatmen. Einfach den Atem spüren. Beobachte, wie sich dein Körper anfühlt. Ganz und vollständig. Lass deine Augen geschlossen und schau dich um. Schau dir die Bilder der Wiese an, die vor deinem inneren Auge entstehen. Die Ziegen. Wie sie als Herde den Hügel hochziehen und übermütig wieder nach unten springen. Lass ein leichtes Lächeln um deine Lippen spielen. Spüre, wie sich das Lächeln über dein Gesicht ausbreitet. Still und ruhig fließt dieses Lächeln in jede deiner Körperzellen. Dein Bauch lächelt. Ein sanftes, zartes Lächeln. Ein Lächeln, das duftet, und dieser Duft und das Lächeln strömen durch deinen ganzen Körper. Nimm dieses innere Lächeln mit in den Tag, wenn du jetzt langsam deine Augen wieder öffnest.

Manchmal, unterwegs, irgendwo, wenn grad alles schiefläuft, dann suche ich dieses innere Lächeln. Und manchmal finde ich es nicht gleich. Aber es ist da. Und wenn ich es finde, dann freut es sich auch.

Der harte Straßenbelag ist wie Fels und die Stadtwanderung gut für den Klauenabrieb. Damit die Ziegen nicht ausschließlich auf der weichen Wiese stehen, haben wir den Bereich rund um den Stall mit Steinplatten ausgelegt.

ZIEGENLIEBE Stiefelgeißen sind saisonal. Zwischen September und März werden sie brünstig. Das ist an ihren wedelnden Schwänzchen zu erkennen. Sie sind unruhig. Meckern mehr. Unsere Böcke sind kastriert. Und trotzdem kommt es zu Zärtlichkeiten. Da schmiegt sich die Ziege an den Bock, und er besteigt sie. Verträumt gehen sie nebeneinander her. Lassen sich nicht aus den Augen. Obwohl ihm der Duft fehlt und die Hoden. Und als ich besorgt andere Ziegenhirtinnen frage, ob meine Böcke vielleicht doch nicht ganz richtig kastriert seien, lachen sie und sagen, das ist immer so. Das machen alle kastrierten Böcke. Das Aufsteigen. Das Rumturteln.

Ein japanischer Wissenschaftler hat mit seiner Forschergruppe die Hauptkomponente des Ziegenbockgeruchs isoliert hat: die 4-Ethyloctanalsäure. Das ist die Verbindung, die mit Sauerstoff zu diesem typischen Bockgeruch oxidiert. Der Forscher hält die isolierte Substanz für eine clevere Fortpflanzungsstrategie der Böcke: »Mit einem einzigen Molekül können sie das Verhalten und die Reproduktionsorgane der weiblichen Tiere beeinflussen.« So einfach, denkt er sich, ist das. Ein Molekül in der Luft, und die Weibchen tun, was der Bock will. Ihm willenlos verfallen, halten sie still und pflanzen sich fort. Natürlich, der Duft ist wichtig. Er kommt aus den Talgdrüsen am Hornansatz. Die Forscher haben den Ziegenböcken eine Mütze angezogen und aus der Mütze die Stoffe gewonnen, die sie dann isoliert haben. Außer der 4-Ethyloctanalsäure aus den Talgdrüsen hat der Bock eine weitere Unwiderstehlichkeit auf Lager. Er pinkelt sich an die Beine und besprenkelt auch Brust und Bart mit Urin. So riecht er tatsächlich außergewöhnlich. Und die 4-Ethyloctanalsäure regt im weiblichen Ziegenhirn eine Region an, die den Anstoß dazu gibt, dass das Hormon Gonadoliberin ausgeschüttet wird. Und Gonadoliberin wiederum kurbelt die Funktion der Eierstöcke an. Auch beim Menschen. Aber da ist noch etwas anderes. Mehr als dieser Duft. Die Lust der Weibchen. Die Ziegendamen spielen eine aktive Rolle. Sie tänzeln um die Böcke. Die kastrierten in unserem Fall. Und sie tun das auch ohne Duft. Nichtsdestotrotz fabuliert der Forscher weiter: »Eine solche Substanz wurde bisher zwar nur in Ziegen gefunden«, sagt er, schließt aber nicht aus, dass ähnliche Mechanismen auch in anderen Säugetieren, vielleicht sogar im Menschen, existieren. Forscherfantasien. Ein Duft, der Frauen steuert? Nein. Bin ich froh. So einfach ist das nicht.

Berlocken Ziegen haben oft Glöckchen. Ich meine nicht die aus Metall. Lautlose Glöckchen aus Haut und Haar. Die Glöckchen der Ziegen heißen auch Berlocken. Manche Ziegen haben diese kleinen Hautanhängsel und manche Ziegen nicht. Direkt unter dem Kinn. Neben dem Bart. Und Schweine und Schafe haben manchmal auch solche Berlocken. Auch Gottfried Keller spricht in seinen »Sinngedichten« von Berlocken. Von anderen natürlich. Von kleinen Schmuckstücken. Liebesbeweise, die man an einer Kette trägt. Ganze Sammlungen davon. In der Geschichte von Gottfried Keller erhält der junge Thibaut von Königin Marie-Antoinette eine goldene Uhr an einer Kette mit der Bemerkung, die Berlocken müsse er sich mit der Zeit selber verdienen. Und das nahm er ernst. Er wurde zum Herzensbrecher. Jedes Herz eine neue Trophäe. Die erste ein rotes Korallenherz. Und als ihm das Herzensbrechen langweilig wurde, fand er die Richtige. Eine Indianerin, Quoneschi, die sein Herz brach. Sie nahm ihm die Uhr mit allen Berlocken und schenkte sie dem jungen Krieger Donnerbär, dem sie versprochen war. Die Berlocken der Ziegen sind weder aus Gold noch aus Koralle, dafür aus Bindegewebe, Muskel, Knorpel und Nerven. Der biologische Sinn und Zweck ist nicht bekannt.

Die richtigen Glocken, die aus Metall, habe ich den Ziegen ausgezogen. Und die Nachbarinnen und Nachbarn haben das Gebimmel vermisst. Weil es wie Landleben ist, wenn von der alten Kiesgrube her die Glocken bimmeln. Auch mir hat das Gebimmel gefehlt. Ich hatte den Ziegen die Glocken abgenommen, weil mir ein Kind gesagt hatte: »Die sind laut, die Glocken. Wenn ich die immer direkt neben den Ohren hätte, würden sie mich stören.« Ab da fand ich sie auch laut. Sehr laut. Und habe mir überlegt, ob diese Glocken die Ziegen nicht stören. Ich habe recherchiert und bin auf ein Forschungsprojekt gestoßen. Bei Kühen wurde der Herzschlag und die Fressdauer mit und ohne Glocke gemessen. Es war zwar nur eine kleine Stichprobe, also nicht ganz aussagekräftig. Aber es zeigte sich, dass das Herz mit Glocke heftiger schlägt, die Kuh also gestresster ist und weniger lang frisst. Doch eine Ziegenhirtin sagte: »Ich sehe das doch. Meine Ziegen tragen die Glocke mit Stolz.« Dieses Gefühl habe ich auch. Und manchmal am Morgen, da fährt mir der Schreck in die Glieder, wenn ich die Ziegen nicht gleich sehe. Da wünsche ich mir die Glocken zurück, damit ich weiß, wo die Ziegen sind, wenn sie sich still hinter einem Hügel verstecken.

Auch wir machen uns eine Kette mit Berlocken. Ein Armband. Ein Bettelarmband, wie es auch genannt wird. Im Englischen hat es einen bezaubernden Namen: *charm bracelet*. Und die kleinen Anhänger sind die *charms* oder *joujous*. Wir basteln uns solche Glücksbringer und Liebes-

Luther war es, der die Geiß zur Ziege machte. Seine Bibelübersetzung (1522 und 1534) führte auch im nicht-religiösen Bereich zur Durchsetzung von regional genutzten Wörtern, die nun zum allgemeinen Standard wurden. Hügel statt Bühel, Lippe statt Lefze, Träne statt Zähre oder Ziege statt Geiß.

zeugnisse. Wie Thibaut sammeln wir die Berlocken für unser Band zusammen. Und tauschen sie. Erinnerungen an Personen und Orte.

Fürs Armband:
Ziegenwörter ausschneiden. Zeitung in feine Streifen schneiden. Aufrollen. Und um die äußerste Schicht, die Ziegenworte. Das gibt die Armkette. Mit vielen Charms daran.
Und so können diese Charms aussehen:

- Von Ziegen abgenagte Aststücke in Rondellen sägen. Eine schwarze Ziege aufmalen. Ein kleines Loch bohren. Bettelt es dir jemand ab? Sonst ans eigene Bettelarmband hängen.
- Getrocknete Beeren
- Kerne der Kornelkirsche, fein durchbohrt
- Hütchen der Eicheln und kleine Erlenzäpfchen hineinkleben
- Schneckenhäuschen
- einzelne Schuppen der Kiefernzapfen, mit einem weißen Muster bemalt
- Erlenzäpfchen mit feinen Perlen in den Zwischenräumen
- winzige Aststücke, bunt bemalt

Salzsteinlecken Wir haben ein schweres Paket erhalten. Mit Salzlecksteinen für die Ziegen. Beim Auspacken ist mir diese Geschichte aus der nordischen Mythologie eingefallen: Wie die Welt durch das Lecken am Salz entstand. Indirekt. Denn die Urkuh Audhumla fraß kein Heu, sie leckte Gletschersalz. Davon lebte sie. Und Ymir trank von ihrer Milch. Ymir war aus einem Eistropfen entstanden, war Frau und Mann zugleich. Ymir war riesig. Aus seinem Achselschweiß gebar er eine Frau. Seinen Füßen entsprang ein Mann. Die Vorfahren der Trolle und Riesen. Und Audhumla, die Urkuh, leckte weiter am salzigen Gletschereis. Plötzlich

Eine Ziege aus Draht formen, mit Papier umwickeln und in Gips tauchen.

spürte sie ein Haar an der Zunge und leckte weiter. Das Salz gab einen Kopf frei. Und als sie immer weiterleckte, stand plötzlich ein Mann da: Buri, der Vater der Asen. Seine Enkel erschlugen später Ymir, den Urriesen, und erschufen aus seinem Fleisch die Erde. Und aus seinem Schweiß das Meer. Aus seinem Haar die Bäume. Aus seinen Augenbrauen die Heimat der Menschen. Aus seinen Knochen die Berge. Aus seinem Gehirn die Wolken. Das war, wie die Welt entstand.

Die Ziegen lieben Salz. Und sie brauchen es, zusätzlich zum Grünfutter, zum Heu, zum Gras und den Blättern. Mineralsalze, Natriumchlorid, aber auch Jod oder Magnesium. Den Leckstein hänge ich an einem starken Strick auf. Mindestens einen Meter über dem Boden, damit er nicht schmutzig wird. Und für uns selbst kochen wir Runzelkartoffeln. Bestimmt fänden die Ziegen sie auch fein in ihrer Salzkruste. So werden sie als *papas arrugadas* auf den Kanarischen Inseln serviert. Die Kartoffeln wollten wir eigentlich auf der Ziegenwiese anbauen. Vom Pizzabäcker hatten wir ein leeres Olivenfass erhalten. Wir haben mit der Stichsäge Löcher hineingesägt. Und Erde, Stroh und Kartoffeln in Schichten ins Fass gelegt. Damit wir im Herbst das Fass auf den Kopf stellen können und die neu gewachsenen Kartoffeln herausrollen. Für ein Kartoffelfest.

Aus dem Kartoffelfest ist nichts geworden. Denn die Larven des Rüsselkäfers haben unsere Kartoffeln gefressen. Prall und weiß, wie sie sind. Und ganz kurz habe ich überlegt, ob wir jetzt die Käferlarven essen. Aber das habe ich dann doch nicht geschafft.

Kornelkirschen Bevor die Beeren ganz reif und dann sehr weich sind, kann man sie noch schnell zu einer leuchtend roten Kette auffädeln. Und so durch den Tag stolzieren mit roten Beeren am Hals. Fürs Chutney nehmen wir mittelreife Beeren, schon etwas weich, aber noch nicht am Zerfallen. Das Holz der Kornelkirsche mit seinen Knoten war gegen Ende des 19. Jahrhunderts der Wanderstock der Studenten, der Ziegenhainer. Manchmal war er auch bei handfesten Auseinandersetzungen ganz nützlich, weil der Ziegenhainer eigentlich eher beim Biertrinken als beim Wandern mit dabei war. Und Ziegenhainer heißt er wegen dem Ziegenhain, einst wohl ein als Ziegenweide umhegtes Stück Wald, dann aber ein Stadtteil der Universitätsstadt Jena. Und noch heute, wenn die Handwerker auf der Walz sind und ihre Lieder schallern, haben sie einen solchen Ziegenhainer in der Hand. Im Ohr ihren Ring, vor der Abreise noch mit Hammer und Nagel ins Ohrläppchen geschlagen. Früher, wenn ein Geselle auf der Wanderschaft einer Verfehlung überführt wurde, riss man ihm kurzerhand diesen Ohrring heraus. Der Begriff Schlitzohr ist geblieben.

REZEPT RUNZELKARTOFFELN MIT KORNELKIRSCHEN-CHUTNEY

Für die Runzelkartoffeln:
Die Kartoffeln waschen und in einen Topf geben. Bis zur Hälfte mit Wasser bedecken. Pro Kilo Kartoffeln fünf Esslöffel Salz darüberstreuen. Auf den Topf ein zusammengefaltetes Küchentuch legen und dann den Deckel aufsetzen. Jetzt kochen lassen, bis kein Wasser mehr im Topf ist. Aber aufpassen: Bevor alles Wasser verdunstet ist, die Kartoffeln auf kleiner Flamme etwa 20 bis 30 Minuten trocknen lassen, bis sie schließlich komplett runzelig sind. Sie werden zusammen mit Kornelkirschen-Chutney serviert.

Für das Kornelkirschen-Chutney:
300 g Kornelkirschen
300 g säuerliche Äpfel
200 g Zucchini
1 Zwiebel
80 Rohzucker
200 ml Balsamessig
1 TL Salz
Pfeffer, Chili, Nelkenpulver

Das Kornelkirschenfleisch in Stücken vom Kern lösen. Äpfel, Zucchini und Zwiebel in kleine Würfel schneiden. In einer Pfanne den Zucker mit etwas Wasser zu hellem Karamell schmelzen. Äpfel, Zwiebeln, Kornelkirschen und Zucchini beifügen. Umrühren. Den Essig dazugeben und würzen. 10 Minuten zugedeckt kochen lassen. Dann

den Deckel entfernen und unter Rühren die Masse einkochen. Sobald eine Art Marmelade entstanden ist, das Chutney kochend heiß in ein sauberes Schraubglas füllen und sofort verschließen. Das Glas kurz auf den Kopf stellen. Umdrehen und warten, bis das ploppende Geräusch ertönt. Und jetzt bleibt uns nur noch die Vorfreude auf den feinen Genuss.

Königskerzen Die Königskerze vom letzten Jahr wächst wieder. Auch der Natternkopf. Gelbe, blaue und rosa Blüten. Der Natternkopf mit der langen Blütenzunge und den struppigen Blättern, daneben klein und rosa das Tausendgüldenkraut. Alle Pflanzen, die ich liebe und den Sommer blühend überstehen sollen, müssen außer Reichweite der Ziegen sein. Denn Ziegen haben da keinen Respekt. Die fressen genau das, woran mein Herz hängt. Deshalb sind die Zäune so wichtig. Und deshalb ist die Königskerze außerhalb des Zaunes und kann dort wachsen, höher als das Hochhaus gegenüber. Mitte August, an Mariä Himmelfahrt, das an den Tod von Jesus' Mutter erinnert, ließen die Bauernfamilien früher wohlriechende Kräuter im Gottesdienst segnen. Denn als Maria starb und in den Himmel entschwand, sahen die Apostel es mit ihren eigenen Augen. Ein Strauß wohlriechender Kräuter lag da, wo Maria gerade noch gelegen hatte. Das Einzige, was von ihr auf Erden zurückgeblieben ist. Und der Duft dieser Kräuter erfüllte den Raum.

Die Königskerze kommt in die Mitte. Und um sie herum werden Salbei und Rosmarin gebunden, Pfefferminze, Johanniskraut, Spitzwegerich. Und eine Rose, das Symbol für Maria. Der gesegnete Strauß wird in den Stall gehängt und trocknet dort. Und wenn das Vieh krank wird, dann wird davon etwas unters Futter gemischt.

Ein Laufsteg für Ziegen Ziegen klettern. Schließlich sind sie nah mit dem Steinbock verwandt. So nah, dass es manchmal zu Paarungen kommt. Die Bündner Steinböcke tragen alle winzige Genabschnitte der Hausziege in sich. Denn Anfang des 20. Jahrhunderts, als die Steinböcke in der Schweiz ausgerottet waren, waren sie plötzlich wertvoll. So wie das immer ist, wenn etwas auf einmal fehlt. Das hatte

KÖNIGSKERZEN-GRANITA

Für 4 Portionen:
1 Handvoll Blüten der Königskerze
½ l Wasser
100 g Zucker
4 Zitronen, abgeriebene Schale und Saft

Wasser aufkochen. Die Blütenblätter mit siedendem Wasser übergießen. Nach 15 Minuten abseihen. Den Königskerzentee mit dem Zucker 10 Minuten in einem kleinen Topf köcheln lassen, bis sich der Zucker aufgelöst hat und die Mischung etwas eingedickt ist. Den Zitronensaft durch ein feines Sieb zu dem leicht abgekühlten Königskerzensirup gießen. Sorgfältig umrühren. Die Zitronenschale hinzufügen. Nun die Mischung in einen Kunststoffbehälter füllen und in das Eisfach stellen. Alle 30 Minuten durchrühren. Nach 4 Stunden im Eisfach ist die Granita bereit zum Servieren.

SPITZWEGERICH-BRIOCHE

Spitzwegerichgelee für die Füllung:
100 g gelbe Löwenzahnblüten
8 Spitzwegerichblätter
4 Schafgarbenblätter
100 g Lindenblüten
1 l kaltes Wasser
1 unbehandelte Zitrone, Saft
550 g Gelierzucker (1:1)

Die Löwenzahnblüten von den Blütenköpfchen zupfen. Manchmal sind noch winzige Käferchen in den Blüten, deshalb die Blütenblätter ausschütteln und etwas liegen lassen. Sämtliche Blüten und Blätter mit dem kalten Wasser übergießen. 2 Stunden ziehen lassen und danach kurz aufkochen. Mit einem Deckel verschlossen über Nacht ziehen lassen. Am folgenden Tag abseihen und die Kräuter gut ausdrücken. Zitronensaft und Gelierzucker einrühren. Erhitzen und sprudelnd kochen lassen. Nach 3 Minuten die Gelierprobe machen. Dazu die heiße Masse vom Kochlöffel tropfen lassen. Wird der letzte Tropfen fest, wird auch die Konfitüre fest. Sonst 1–2 Minuten weiterkochen. In ausgespülte Schraubgläser füllen. Gut verschließen und kurz auf den Kopf stellen.

Für die Brioches (ergibt 12 Stück):
500 g Dinkelweiß- oder Zopfmehl (enthalten beide viel Gluten und machen den Teig luftig-leicht)
60 g Zucker
15 g Hefe
2 TL Salz
6 Eier
3 EL Wasser
150 g Butter

Alle Zutaten müssen bei der Verarbeitung kalt sein. Mehl, Zucker, Hefe und Salz mischen. 5 der Eier mit dem Wasser verquirlen. Die Butter in kleine Würfel schneiden. Alles im Kühlschrank 2 Stunden kalt stellen.

Dann die Eimischung mit dem Gummischaber unter die Mehlmischung ziehen, bis ein Teig entsteht. 10 Minuten kneten, bis ein zusammenhängender Teig entstanden ist; geschmeidig muss er nicht sein. Wenn nötig, Wasser dazugeben. Nun nach und nach die Butter hinzufügen. Zuerst wird der Teig klumpig, dann weicher und geschmeidig. Bei Raumtemperatur zugedeckt 1 Stunde gehen lassen. Anschließend 12 Stunden in den Kühlschrank stellen.

Aus zwei Dritteln des Teiges 12 Kugeln formen. Diese in die Mulden des Muffinblechs setzen und mit einem Küchentuch abdecken. Aus dem restlichen Teig 12 kleine Kugeln formen. Diese auf ein Backpapier legen und ebenfalls mit einem Küchentuch abdecken. Nochmals 20 Minuten ruhen lassen. In die großen Teigkugeln mit dem Finger jeweils ein Loch hineinbohren. In jedes Loch 2 TL Spitzwegerichgelee füllen. Das verbleibende Ei mit etwas Milch verquirlen. Die kleinen Teigkugeln jeweils auf einer Seite damit bestreichen und mit der bestrichenen Seite auf die gefüllten Brioches setzen. Die Brioches mit der restlichen Eiermilch bestreichen und auf der mittleren Schiene im auf 185 Grad vorgeheizten Ofen 15 bis 25 Minuten backen. Die Brioches herausnehmen, etwa 10 Minuten abkühlen lassen und am besten noch warm mit der Königskerzen-Granita genießen. Die Brioches können zwei Tage in einer geschlossenen Dose aufbewahrt werden. Vor dem Servieren noch einmal erwärmen.

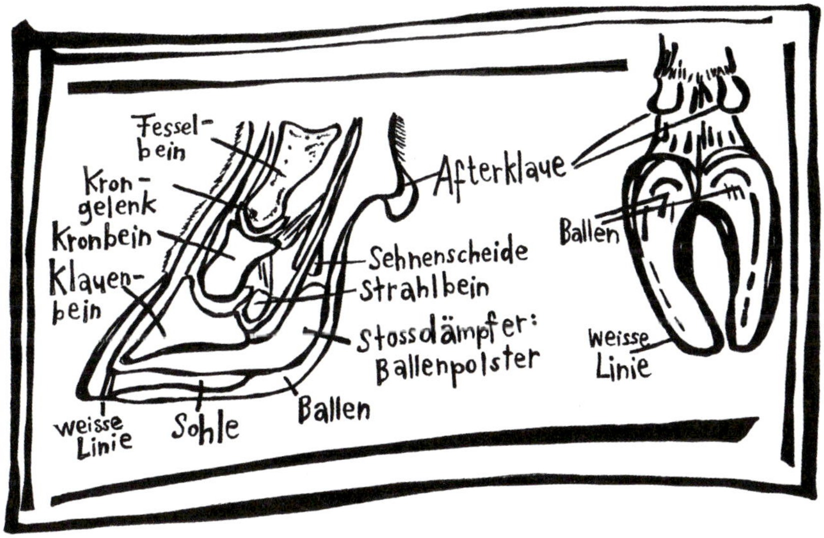

Aus hygienischen Gründen sollte das abgeschnittene Klauenmaterial eingesammelt werden und nicht auf dem Stallboden landen.

zur Folge, dass Steinböcke aus den königlichen Steinbockgebieten Italiens in die Schweiz geschmuggelt und teuer verkauft wurden. Und einige dieser Steinböcke waren nur halbe Steinböcke. Raffinierte Ziegenhalter ließen ihre Tiere im königlichen Steinbockgebiet begatten. Schauten, was da für Zicklein zur Welt kamen. Und sie nahmen die, die am ehesten wie Steinböcke aussahen und verkauften sie in die Schweiz. Dann gibt es auch den seltenen Fall, dass Ziege und Steinbock sich auf der Alp paaren. Wenn ein Ziegenbock eine Steingeiß bespringt. Dass der Steinbock sich mit der Ziege paart, ist eher unwahrscheinlich. Denn diese ist erst im Spätherbst paarungsbereit, und da sind die Ziegen schon längst wieder im Tal. Weil die Hornträger, die Ziegen, Gämsen, Steinböcke, alle gerne klettern, hegen wir immer noch den Traum, auf der Wiese einen Laufsteg zu bauen. Einen richtig hohen. Wo die Ziegen herunterschauen können. Einen kleinen gibt es bereits. Da balanciert die jüngste der Ziegen hoch hinauf und schaut triumphierend auf die großen hinunter.

Damit die Ziegen klettern, hüpfen, springen können, müssen ihre Klauen gepflegt und gesund sein. Bevor die Ziegen zu mir kamen, hatte ich vor möglichen Klauenkrankheiten einen Riesenrespekt. Moderhinke zum Beispiel. Da schaudert es mich. Gruselig. Allein schon das Wort tut weh und die Bilder davon noch mehr. Ziegen genauso wie Schafe, Gämsen und Steinböcke gehören zu den Paarhufern. Schweine übrigens auch. Anders als das Pferd. Das ist, das sieht man auf einen Blick, ein Unpaarhufer. Bei den Paarhufern dient der Zwischenklauenspalt der Selbstreinigung. Setzt die Ziege ihren Fuß auf den Boden, wird der Schmutz durch diesen Spalt nach oben hinausgedrückt. Zusätzlich gibt es einen Hohlraum an der Innenseite der Klauen. Der Hohlraum unterstützt diese Reinigung. Und trotzdem müssen die Klauen durch die Ziegenhirtin gepflegt werden. Je weicher der Untergrund ist, umso weniger werden die Klauen abgenutzt und umso öfter braucht es die Klauenpflege. Die Klaue ist eine Hornkapsel. Darunter verbirgt sich das Klauenbein. Dazu gehören: das Klauensesambein, das untere Ende des Kronbeins und verschiedene Sehnen und

Ein Laufsteg für Ginny da Clünas.

Bänder. Das Sesambein ist ein kleiner Knochen. Wir haben auch solche Sesambeine. Der Knieknochen ist zum Beispiel ein Sesambein oder das Erbsenbein im Handwurzelknochen. Allen Sesambeinen gemeinsam ist, dass sie klein sind und zu einer Sehne gehören. Sie haben die Funktion, zusätzlichen Abstand der Sehne zum Knochen zu schaffen, wodurch ein größerer Hebel für die Sehne entsteht. So kann der mit der Sehne verbundene Knochen mit weniger Kraftaufwand bewegt werden.

Und unten am Ziegenfuß, da gibt es diesen stoßdämpfenden Ballen. Vier bis acht Millimeter dick ist die Sohle bei Ziege und Schaf. Am Vorderbein dicker als beim Hinterbein, und an der Zehenspitze sind es bloß vier Millimeter. Wenn die Sohle zu dünn geschnitten wird, wird das darunterliegende Gewebe durch Steine und Geröll gequetscht. Es kann zu Blutungen und Entzündungen kommen. Und wenn die Klauen nicht geschnitten werden, dann leidet das Tier. Dann wächst das Horn immer weiter. Beugt sich nach innen. Die Tiere hinken und gehen im schlimmsten Fall auf den Karpalgelenken, das Bein durchgeknickt. Oder es entstehen Pantoffelklauen: Da kippt die ganze Beinachse, und die Klaue wächst nach vorne. Das sieht dann aus, als würden sie orientalische Lederschuhe tragen, nur nicht so bequem wie diese. Der normalerweise gerade Beinknochen macht einen Knick. Alles biegt sich.

Werkzeuge zur Klauenpflege sind die Gartenschere, ein Hufmesser und eine scharfe Hufzwickzange. Beim Klauenschneiden wird das oft über die Sohle geschobene Horn auf rund 1 mm über das Niveau der Sohle zurückgeschnitten. Dasselbe mit der wulstförmig angewachsenen Trachtenwand. Und natürlich wird dann aller Schmutz von der Sohle und aus dem Zwischenklauenbereich entfernt. Niemals am Sohlenhorn herumschneiden! Das ist zu dünn. Darunter liegen Blutgefäße und Nerven. Am Ende der Klauenpflege sollten beide Klauen eines Fußes gleich lang sein. Gerne haben die Ziegen das Klauenschneiden nicht. Es gibt Ziegenhalter, die bauen ihren Tieren einen Klauenschneidestand. Wir machen es zu zweit. Jemand hält die Ziege fest, drückt sie gegen die Wand, die andere Person biegt den Vorderlauf und dann den Hinterlauf nach hinten hoch und schneidet. Falls trotz aller Vorsicht einmal zu tief geschnitten wird und die Klaue blutet, sofort desinfizieren. In schlimmen Fällen verbinden und mit dem Klauenschuh schützen.

Mist und Bemmerl

Notizen aus dem Stall Manchmal kommt jemand und holt sich den Ziegenmist. Weil der ein guter Dünger für die Pflanzen ist. Ich bin immer froh, wenn der Ziegenkot kugelt, also jedes einzelne Bällchen für sich daliegt, schwarz und glänzend. Das bedeutet, dass der Verdauungstrakt der Ziege in Ordnung ist. Ziegen sind anfällig für Parasiten. Ziegen machen überall hin, auch da, wo sie fressen. Klar, dass das nicht gerade hygienisch ist. Wenn ein Parasit im Kot ist, landet der so bald auch auf dem Futtergras. Ob es einen Parasitenbefall gibt, kann man nur unter dem Mikroskop zuverlässig bestimmen. Aber die Beschaffenheit der Kotkügelchen ist schon ein erstes Indiz. Darum sammle ich ab und zu möglichst frischen Kot in ein Plastiksäckchen und bringe es zur Analyse ins Labor. Und wenn der Kot in Klumpen im Stall liegt zum Beispiel, oder wenn er flüssig ist sowieso. Oder wenn das Fell stumpf wird. Denn auch das Fell ist ein Spiegel für die Gesundheit der Ziege.

Parasiten gibt es eine ganze Reihe. Zum Beispiel Würmer, Magen-Darm-Würmer. Sie parasitieren im Labmagen und in den verschiedenen Darmabschnitten. Sie entziehen der Ziege Blut. Sie schädigen die Magen-Darm-Schleimhaut. Dann schlägt das Herz schneller. Auch die Atemfrequenz wird höher. Neben dem veränderten Kot und dem stumpfen Fell ist ein Wurmbefall als Ödem an Hals und Kopf sichtbar. Die Wasseransammlung im Gewebe führt zu aufgedunsenen Gesichtszügen. Was hilft da? Vorbeugen. Die Weideflächen wechseln, alle zwei bis drei Wochen am besten. Und die nicht abgefressenen Weidegräser nach der Beweidung regelmäßig nachmähen. Studien haben ergeben, dass es gut ist, auf die Ziegenweide immer wieder Rinder zu lassen. Sie säubern die Weide, weil sie die Parasiten wegfressen können, ohne selbst krank zu werden. Wichtig ist auch, die Tränken sauber zu halten. Und Esparsettenheu zum Futter geben. Esparsetten sind Schmetterlingsblütler voller Tannine. Und diese Gerbstoffe machen den Magen- und Darmwürmern das Leben schwer.

Dann gibt es noch die Kokzidien, eine der häufigsten Parasitenerkrankungen bei Ziegenkitzen. Einzeller, die sich in der Darmschleimhaut festsetzen und diese zerstören. Die Ziegen infizieren sich über kotverschmutztes Wasser, verschmutzte Einstreu oder Futter. Besonders anfällig sind Ziegenkitze, die jünger als fünf Monate sind. Je älter, desto besser sind die Ziegen gegen Kokzidien geschützt. Außer sie sind geschwächt. Ein Muttertier nach der Geburt zum Beispiel. Durchfall ist ein Anzeichen für Kokzidien. Wird das nicht behandelt, wird die Darmschleimhaut zerstört. Kokzidien sind gegenüber äußeren Einflüssen sehr widerstandsfähig und können monatelang infektiös bleiben. Deshalb muss man den Stall trocken halten und gründlich misten. Und weil die Ziegen gerne ins Futter steigen, sollten die

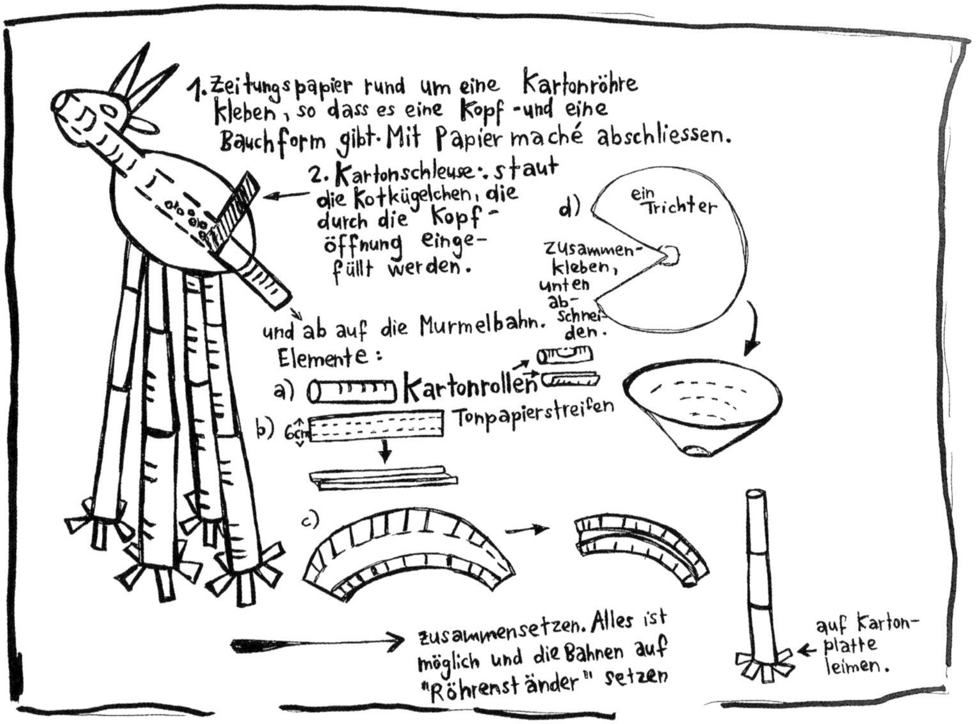

Raufen gesichert sein. Am besten einen Deckel drauf, damit die Ziegen nicht mit kotbeschmutzten Klauen Parasiten ins Futter tragen. Auch niemals das Futter auf den Boden streuen. Und natürlich auch nicht zu viele Ziegen im Stall halten.

Kotkügelchen-Kugelbahn Elf Mal pro Tag lassen Ziegen ihre Kügelchen purzeln. Mindestens. Da sind wir Menschen effizienter. Einmal, vielleicht zweimal pro Tag und dafür eine rechte Menge. Und ein rechter Gestank dazu. Bei den Allesfressern riecht der Stuhlgang nie gut. Wegen dem Indol zum Beispiel. Das in geringer Konzentration zwar nach Blüten duftet, nach Jasmin und Robinien. In höherer Konzentration stinkt Indol dann aber nach Fäkalien. Der Indolbaustoff steckt auch im Indigo, dem Regenbogenblau. Oder im Hormon Melatonin, das den Tag-Nacht-Rhythmus steuert. Und eben auch im Kot von Fleischfressern. Indol und auch Skatol. Weil Fleisch vor allem aus Eiweißen besteht. Eiweiße sind aus Aminosäuren zusammengesetzt, und eine dieser Aminosäuren heißt Tryptophan, eine essenzielle Aminosäure. Das bedeutet, sie kann von unserem Körper nicht selbst gebildet werden. Pflanzen können Tryptophan herstellen, und auch Mikroorganismen haben diese Fähigkeit. Unter anderem über den Weg der Shikimisäure. Shikimi ist japanisch und bedeutet Sternanis. Tryptophan wirkt stimmungsaufhellend, beruhigend und gewichtsreduzierend. Und: Wenn es nicht mehr gebraucht wird, wird es abgebaut. Zum Beispiel, weil die Stimmung jetzt gut ist. Dann entstehen Indol und Skatol, und die stinken. Zwar wird Tryptophan von Pflanzen hergestellt, aber in tierischen Proteinen reichert es sich an. Im Muskelfleisch. Darum sind Indol und Skatol bei häufigem Fleischverzehr in entsprechend größerer Menge im Stuhl vorhanden. Beim Menschen gibt es eine sehr seltene Krankheit, die mit Tryptophan zu tun hat. Das Blaue-Windeln-Syndrom. Wenn das Tryptophan im Darm bleibt, statt über den Blutkreislauf in den Körper zu fließen, dann bauen Bakterien es zu Indol ab. Und das gelangt zuerst in die Leber, wird zu Indikan verstoffwechselt und über die Nieren ausgeschieden. Wenn Indikan an die Luft kommt, wird es blau, indigoblau. Daher blaue Windeln.

Kotkügelchen-Schleuder
durch-
schneiden
zugeknöpfter
Ballon
Klopapierrolle
Ballon über
Röhre stülpen
festkleben
Kotkügelchen
einfüllen
mit Röhrenöffnung
nach hinten
an der
Ziege
festmachen
auf Karton
eine Ziege
zeichnen,
ausschnei-
den. Auf
die Röhre
kleben.
frische
kleben
besser am Ziel fest
Am Ballon
ziehen.
Loslassen.
es regnet
solche
Dinger

Weil Dieter Roth, der Künstler, aus Exkrementen und Stroh ein Kaninchen gemacht hat, wollte ich das auch tun. Eine Ziege aus Kotkügelchen. Dieter Roth, der luftdicht abgeschlossene Schimmelobjekte ausstellte, Schokolade von Motten zerfressen ließ und zum Beispiel das Buch »Halbzeit« von Martin Walser zerhäckselte und mit Fett und Gewürzen zu einer Literaturwurst presste. Denn: »Kunstwerke sollen sich wie Menschen ändern, älter werden und sterben.« 1972 drückte Dieter Roth sein Kaninchenkötelkarnickel aus Hasenexkrementen und Stroh in eine Metallform, härtete das Werk, und schon war es eine Skulptur. Das machte ich ihm nach. Und weil noch Kügelchen übrig waren, spießte ich sie auf Zahnstocher und stellte sie aus. Ein Mädchen machte sich Sorgen: »Was ist, wenn das nun jemand isst?« Und eine Österreicherin meinte: »Ich mag diese Bemmerl. Schaut aus wie große Staubblätter einer Blüte. Bemmerl ist wienerisch für ein rundes Kügelchen. Wir sagen hier auch: ›Das ist kein Bemmerl‹; gemeint ist damit: ›Das ist keine Kleinigkeit‹.« Ja also. Keine Kleinigkeiten hier!

Melken Wir hatten noch schwarze Tafelfarbe. Holzplatten. Korkzapfen. Weiße und rosa Farbe. Ich malte einen Ziegenkopf und schnitt ihn als Schablone aus. Und jetzt haben wir am Stall diese Nicht-vergessen-Tafel, mit einem riesengroßen Nagel festgehämmert. Darauf steht zum Beispiel:

Milch posten. »Posten« ist Schweizerdeutsch und bedeutet einkaufen. Also Milch einkaufen.

Manchmal kommen Leute zu uns und fragen, ob wir Milch verkaufen. Ziegenmilch. Weil sie so gesund ist. Ursprünglich hatten wir das vor. Wir wollten aus der Ziegenmilch auch Karamell machen, Dulce de Leche in allen Variationen. Aber dann kamen die kleinen Ziegen zur Welt, und es war so schön zu sehen, wie sie bei der Mutter tranken. Wie eng diese Bindung ist. So entschlossen wir uns, nutzfreie Tiere zu halten. Die einfach so in den Tag hineinleben und den Leuten, die vorbeikommen, einfach nur Freude bereiten. Freude machen ist schließlich auch ein Nutzen.

Melken wäre natürlich auch schön, aber auch anstrengend, das ist nicht zu leugnen. Mit den Fingern beide Zitzen umschließen, etwas Druck geben. Die Finger abwechselnd zur Faust ballen. Links. Rechts. Links. Rechts. Faust machen und entspannen. Und wieder eine Faust machen. Und wieder entspannen. Wir haben nur wenige Ziegen. Das ginge eigentlich schon. Auch auf den richtigen Ziegenalpen, den großen, wird häufig von Hand gemolken. Da ist Sorgfalt wichtig, damit man keine Sehnenscheidenentzündung kriegt, die dann nicht mehr weggeht. Darum Ziegenmelktraining für die Finger: Finger spreizen, mit Kraft zur Faust schließen, spreizen. Das stärkt. Oder stützende Handgelenksbandagen tragen. Und immer Wallwurzsalbe (*Symphytum officinal*e, Beinwell) dabeihaben oder Wacholdergeist zum Einreiben. Die Gelenke pflegen ist ganz wichtig. Kurz gesagt, das Ziegenmelken ist anstrengend. Aber auch schön, wenn die Ziegenmilch in den Eimer schäumt. Weißer als Kuhmilch je sein kann, weil die Ziege das gelbliche Karotin ins farblose Vitamin A verwandelt. Ein weiterer Unterschied zur Kuhmilch: der Gehalt an Kasein. Das Kasein-Profil von Ziegenmilch ist dem der menschlichen Muttermilch ähnlich. Für manche Menschen ist deshalb Ziegenmilch besser verträglich als Kuhmilch. Das Kasein war die Grundlage des ersten Kunststoffs überhaupt. Eine Katze hat ihn erfunden. Weil sie im Labor des Chemikers Adolf Spitteler eine Flasche Formaldehyd umgeworfen hat und dieses Formaldehyd in eine Schüssel Milch getropft ist. Das Kasein der Milch gerann zu einer weißen, zähen Substanz, lange Proteinketten über Methylengruppen verbunden. Die Forscher nannten diese hornartige Masse Galalith, machten daraus Knöpfe, Stricknadeln, Besteckgriffe, Schmuck oder das kleine Plättchen für das Gitarrenspiel, das Plektron. Kunststoff aus Erdöl löste später das Galalith ab. Er war billiger und wurde bei Hitze weniger schnell spröde. Kasein kann auch zu Farbe werden oder zu Leim.
Weil Ziegenmilch weniger Kasein enthält, ist für die folgenden Experimente Kuhmilch und Kuhmilchquark besser geeignet.

EXPERIMENT
LEIM AUS MILCH

Ca. 300 ml fettarme Milch
3 EL Essigessenz
1 TL Natronpulver

Zuerst werden Milch und Essigessenz gemischt. Essig ist sauer. Dadurch fällt das Eiweiß der Milch in Flocken aus. Diese feste Masse ist nun eben das Kasein. Die gelblich-klare Flüssigkeit, die zurückbleibt, ist die Molke. Sie steckt voller Vitamine und Milchzucker. Wenn nun Kasein mit Natron oder Backpulver vermischt wird, entsteht das Natriumhydrogencarbonat. Und damit kann man leimen. Auch Käse wird aus Kasein gemacht. Allerdings wird die Milch dann nicht mit Essigsäure zum Ausflocken gebracht, sondern mit Lab, einem Enzym aus dem Kälbermagen. Alternativ stellt man heute auch mithilfe von Bakterien Lab her.

EXPERIMENT
KASEINFARBE

Magerquark und Kalk mit etwas Leinöl mischen und Pigmente einrühren. Für weiße Farbe kann das Kreide sein, für leuchtende Farben verschiedenste Erdpigmente. Farben aus Kasein wurden bereits bei Höhlenmalereien verwendet. Und in alten hebräischen Texten kann man lesen, dass damals vor dem Erntedankfest die Häuser mit Kaseinfarben frisch gestrichen wurden.

DULCE DE LECHE

Ergibt 500–600 ml
1 l Milch
300 g Zucker
1 Vanilleschote

Milch und Zucker in einen 3-Liter-Topf geben. Die Vanilleschote längs aufschlitzen und das Mark direkt in die Milch schaben, auch die Schote beifügen. Unter Rühren aufkochen. Offen bei kleiner bis mittlerer Hitze etwa 1 Stunde köcheln lassen, bis die Masse dickflüssig wie Kondensmilch und karamellfarbig ist. Ab und zu umrühren. Die Vanilleschote entfernen. Die Masse sofort in heiß ausgespülte Schraubgläser füllen, verschließen und kühl stellen. Im Kühlschrank rund 3 Monate haltbar.
Tipp: Die Konfitüre dickt beim Abkühlen noch ein. Deshalb den Tellertest machen: Ein wenig der heißen Masse auf einen Teller geben und auskühlen lassen. Ist die Masse streichfähig, kann die Konfitüre abgefüllt werden.

Dulce de Leche kann für alles Mögliche verwendet werden. Zum Beispiel:

KARAMELL-CHAI

½ Tasse Dulce de Leche
4 Tassen Ziegenmilch
1 Zimtstange
8 Kardamomkapseln, gequetscht
8 Nelken
1 Vanilleschote, aufgeschlitzt
8 Pfefferkörner
1 Stück Ingwer
1 Teelöffel Schwarztee
1 Prise Salz

In einem Topf Dulce de Leche und Milch erhitzen, bis sich beides mischt. Sämtliche Gewürze dazugeben. Weiter rühren, bis die Milch leise köchelt. Den Herd ausschalten und die Mischung 10 Minuten auf der Herdplatte ziehen lassen. Die Gewürze abseihen und den Chai servieren.

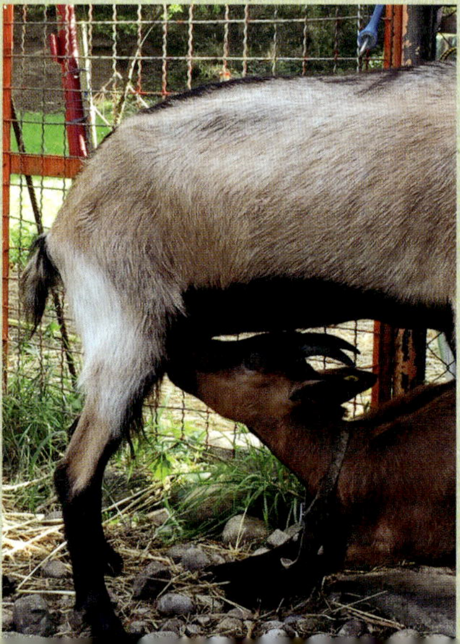

Kein Brot. Bitte. Natürlich meinen es alle gut. Alle, die uns Brot in Säcken an den Zaun hängen. Sie fahren mit dem Auto vor, hieven sich aus den Sitzen und hängen einen Plastiksack voller Brot ans Eingangstor. Obwohl da steht: »Bitte kein Brot.« Denn Brot tut den Ziegen nicht gut, weil es mithilfe von speziellen Mikroorganismen zu schnell verdaut wird. Sonst haben diese Kleinstlebewesen eher wenig zu tun. Aber mit dem Brot vermehren sie sich in Windeseile und produzieren viel Säure und Gase. Und das kann das ganze Verdauungssystem zum Kippen bringen. Eine Überdosis Brot kann einen qualvollen Tod bringen. Die Ziegen spüren auch bei anderen Lebensmitteln nicht, wann sie mit Fressen aufhören sollten. Eine Tierärztin erzählt, dass Ziegen in eine Obstplantage gesprungen sind und die herumliegenden Äpfel gefressen haben. Sie sind alle gestorben. Weil ihr Magen komplett durcheinandergeraten ist. Akute Pansenazidose. Flankenzittern. Die Tiere verweigern Futter und Wasser, werden apathisch, knirschen vor Schmerz mit den Zähnen. Das Herz schlägt sehr heftig. Der Puls rast. Wässrig-schaumiger Durchfall. Stechender Mundgeruch. Der Körper versucht das saure Blut zu verdünnen und entzieht dem Gewebe Wasser. Die Augen sinken tief in die Höhlen. Die Tiere trocknen aus.

Und damit das Brot nicht bei uns auf der Wiese landet. Hier mein Lieblingsrezept für die Verwertung von altem Brot.

REZEPT BROTAUFLAUF

400 g hartes Brot
900 ml Milch, heiß
100 g Butter
200 ml Ahornsirup
1 Prise Salz
6 Eier
100 g gemahlene Haselnüsse
300 g Kirschen, entsteint und in Hälften geschnitten
1 Zitrone

Das Brot in Würfel schneiden. In die heiße Milch legen und zugedeckt stehen lassen.
Butter, Ahornsirup, Salz und Eigelbe verrühren. Mit Nüssen, Zitronenschale und Zitronensaft vermengen. Das Eiweiß steif schlagen und darunterziehen. Eine Auflaufform mit Butter ausstreichen und eine erste Schicht der Brotmischung in die gefettete Form füllen. Mit den Kirschen belegen und eine zweite Lage Brotmasse darüberschichten. Die Kirschen darüberstreuen und weiter schichten. Den Auflauf bei 200 Grad Unterhitze 40 Minuten backen. Mit Vanillejoghurt servieren.

Eine Minigolfbahn entsteht.

EPAL
EPAL

Mohair und Kaschmir Ich bin Vegetarierin. Seit mehr als zwanzig Jahren schon. Ich wollte in dem kleinen, mir möglichen Rahmen etwas tun gegen den raumverschlingenden Anbau von Futtermitteln, der auf Kosten der Regenwälder geht. Riesige Sojaplantagen statt Biodiversität. Und natürlich der Klimaschutz. Aus den Wiederkäuermägen entweichen große Mengen an Treibhausgasen. Die Tierhaltung ganz allgemein. Die Enge. Der belastende Transport. Die Entfremdung vom Tier. Es ist nur noch Ware. Und jetzt halte ich selbst Nutztiere. Das ist wohl inkonsequent und wirft natürlich Fragen auf. Denn mit der Haltung der Nutztiere merke ich, wie schwierig und komplex alles ist. Pro Ziege brauche ich 0,2 Hektar Land. Ich habe sieben Ziegen. Da reicht meine gepachtete Fläche nur knapp. Wenn ich hin und wieder auf die Stadtalp gehe, passt es gerade so. Auch einen größeren Stall kann ich mir nicht leisten. Mehr Ziegen liegen einfach nicht drin. Und ich will keine Tiere schlachten. Sie sind mir ans Herz gewachsen. Aber dann ist kein Nachwuchs möglich. Außer ich verkaufe ihn. Die ersten zwei Tiere, die zur Welt kamen, waren Böcke. Aber Böcke wollte niemand. Darum habe ich sie kastrieren lassen, mit mulmigem Gefühl. Ein einschneidender Eingriff. Ich habe hin und her überlegt, aber keine Alternative gesehen. Es gibt keinen Ziegennachwuchs, wenn ich die Ziegen nicht verkaufe oder schlachte. Und weil die Stiefelgeiß eine seltene Rasse ist, wäre die Zucht wichtig. Und sind Ziegen nicht auch gerne Mütter? Verpassen sie etwas, ohne das Erlebnis einer Geburt?

Eine Ziegenhirtin sagte mir: »Wenn meine Ziegen ein gutes Leben haben, einen Sommer auf der Alp erleben, dann tut mir das Schlachten zwar weh und es macht mich traurig, aber es ist in Ordnung. Dann bin ich auch mit mir im Reinen, wenn ich ihr Fleisch esse oder es verkaufe.« Mit dieser Haltung bin auch ich einverstanden. Im Grunde wehre ich mich vor allem gegen billiges Fleisch, das in Mengen achtlos produziert und konsumiert wird. Und es ist ärgerlich, wenn jemand sagt: »Ich will mir nicht vorstellen, dass das auf meinem Teller einmal ein Tier war. Es schmeckt mir, aber mehr will ich nicht darüber wissen.« Wir sollten wissen wollen, woher unser Essen stammt. Beim Gemüse genauso wie beim Fleisch. Wir sollten wissen wollen, welche Energie in unseren Lebensmitteln steckt. Wir sollten den Wert der Nahrungsmittel kennen und schätzen und auch bezahlen, was es kostet. Wissen, wann welches Gemüse reif ist. Wissen, dass für das Rot der Wintertomate viel Erdöl verbrannt wurde. Beim Fleischkonsum geht es wohl wie überall um eine Frage des Maßes. Und wer eine Ziege schlachtet, der sollte schlussendlich auch das Fell nutzen, das Leder, die Hörner.

Die Aigis der griechischen Mythologie war ein Schild aus Ziegenfell. Wer sie schüttelte, ließ Blitze zucken und Donner grollen. Sekundenschnell zog die Nacht auf. Aus der Mitte des Schildes starrt uns der abgeschnittene Kopf der Medusa an, deren Blick alles versteinert. Die Aigis ist das goldene Ziegenfell der Athene, dessen Kraft sich auch Zeus oder Apollo gerne bedienten. Die Verwertung von Ziegenfell hat eine lange Geschichte. Es ist etwas steif, mit nur wenig Unterhaar. Häufig wurde die Haut der Ziege deshalb zu Leder verarbeitet. In prähistorischer Zeit wurden Tote in Ziegenhäute eingewickelt. Bis heute werden Trommeln damit bespannt. Und Ötzi trug eine gestreifte Jacke aus Ziegenfell. Dann ist da noch das kostbare Mohair. Von den gleichnamigen Ziegen aus Südafrika, der Türkei und Afghanistan mit ihrem lockigen, weißen Fell. Schon die Baby-Ziege liefert Wolle. »Kid Mohair« heißt dieses Garn, fein und strapazierfähig. Pro Jahr gibt eine Ziege 4 Kilogramm Garn, durch Schur gewonnen. Schließlich noch die Kaschmirziege: Ihr gereinigtes Unterhaar ist sanft und fein und bis 9 cm lang. Pro Jahr und Ziege ergibt es 200 Gramm seidig glänzende Wolle. 200 Gramm! So viel wie eine große Tafel Schokolade. Die Kaschmirziege stammt aus Kaschmir im Himalajagebirge, diesem zerrissenen Gebiet zwischen Pakistan und Indien mit dem großen Wunsch nach Unabhängigkeit. Als ich von den 200 Gramm gelesen habe, habe ich mir vorgenommen, im Frühling, wenn die Ziegen ihr Unterfell verlieren, die Haare auszukämmen und aus der Wolle etwas zu stricken. Mal schauen, wie viel es ergibt. Weich wird es nicht sein.

Aus kleinen Holzstücken entstehen Ziegen und keine gleicht der anderen.

Mêêêêê pourtant je chante

Nadel im Heuhaufen Es schlummert wohl in vielen Städterinnen und Städtern diese Sehnsucht nach dem Landleben. Ein Landleben, das es so wahrscheinlich gar nicht gibt. Ich stelle mir dieses Landleben so vor: Platz haben. Das nächste Haus außer Sichtweite. Ein Hügel und ein Baum darauf. Hecken und Vogelstimmen und irgendwo der Dorfplatz mit dem Brunnen. Viel Grün auf jeden Fall. Sattes, frisches Grün. Schüchternes, durchscheinendes Grün. Luftig übermütiges Grün. Lautes und stilles Grün. Am Waldrand Hagebutten. Und mein eigener Garten voller Gemüse. Mit Bohnen an langen Stangen. Und Kartoffeln, Rhabarber und Johannisbeeren. Das Dach liegt schwer und beschützend über den Zimmern. Schräg auf jeden Fall, nicht flach. Und nicht nur gerade Linien.

Wir haben Kapuzinerkresse gepflanzt. Weil ich mir einen Bauerngarten in meiner Traumlandschaft immer mit der Kapuzinerkresse vorstelle. Ihre Blätter, Stiele und Blüten schmecken scharf und erfrischend. Und wenn ich dann aufs Land gehe, erschrecke ich, weil mir hier der Autoverkehr noch bedrückender vorkommt als in der Stadt. Das 21. Jahrhundert, das Jahrhundert der Städte. Weltweit werden täglich um die 140 000 Kinder geboren. Und fast alle kommen

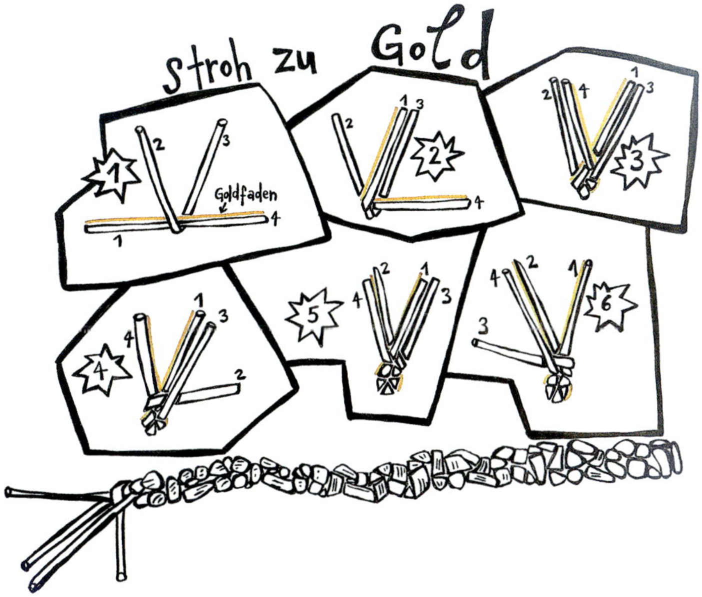

in Städten zur Welt. Die Hälfte der Weltbevölkerung lebt urban. Bis 2035 werden drei von vier Menschen in Städten leben. Shakespeare fragte einst: »What is the city but the people?« Die Stadt, in der ich lebe, ist vor allem sehr perfekt. Da wirkt häufig sogar das Unperfekte inszeniert. Darum wollte ich aus der Wiese, die ich gepachtet habe, einen Ort machen, wo nicht alles perfekt ist. Lieber krumm, lieber unfertig. Immer anders. Immer wieder neue Projekte. Bestehendes abbauen, umbauen und wieder aufbauen. Nichts für die Ewigkeit. Aber auch nicht zum Wegwerfen. Sondern zum Abbrechen, auseinandernehmen und wieder zusammensetzen. Wie das Leben. Wir laden gerne zu Festen ein auf der Ziegenwiese. Da gibt es zum Beispiel die Ziegen-Olympiade. Mit den Disziplinen Strohballen-Werfen, Nadel im Heuhaufen suchen, der Brennnessel-Mutprobe oder dem Ziegen-Fotostudio, wo sich die Gäste als stolze Ziegen verkleiden.

Kompasszopf Und vielleicht kommt irgendwann das Rumpelstilzchen vorbei. Denn wir flechten einen goldenen Ring aus Stroh. Aber wir verlassen uns doch nicht so ganz auf diesen kleinen Wicht und nehmen goldenes Garn zum Stroh. Weil beim Flechten die Strohhalme gebogen und ge-

knickt werden, müssen sie zuerst in Wasser eingelegt werden. Am besten warmes Wasser. Nach einer halben Stunde sind sie weich und biegsam. Nun legen wir vier Strohhalme so hin, dass sie in alle vier Himmelsrichtungen zeigen. Denn wir machen einen Kompasszopf. Auf jeden Strohhalm legen wir einen goldenen Faden. Nun wiederholen wir immer die folgenden vier Schritte: Zuerst Nord-Süd, das heißt der Strohhalm, der nach oben zeigt, wird nach unten geknickt. Und jetzt Süd-Nord, der Strohhalm, der nach unten zeigt, nach oben. Danach der Strohhalm, der nach rechts zeigt, nach links geknickt. Zum Schluss noch von West nach Ost. Der Strohhalm, der nach links zeigt, nach rechts.

Kolostrum 22 Wochen. So lange sind Ziegen trächtig. Ganz ähnlich wie Schafe. Bis zu 158 Tagen. Vor der Geburt wird die werdende Mutter unruhig. Das Euter schwillt an, die Beckenbänder fallen ein. Wenn alles gut geht, liegt das Zicklein jetzt in Vorderendlage und hat den Kopf zwischen oder auf den Beinen. Der Muttermund ist noch mit einem festen Schleimpfropfen verschlossen. Zäh und langsam fließt er aus. In der Eröffnungsphase legt sich die Ziege öfter hin, steht wieder auf, scharrt, horcht nach hinten. Die gespannte Fruchtblase dehnt den weichen Geburtskanal auf. Kurz vor der Geburt will das Muttertier für sich sein. In einem eigenen Abteil zum Beispiel. Aber immer noch mit Sichtkontakt zur Herde. Und dann die Geburt. Was für ein berührendes Ereignis. Sogar bei einer Erstgeburt weiß die Geiß, was sie zu tun hat. Es hat ihr niemand gezeigt, wie sie atmen und pressen soll. 10 bis 60 Minuten dauert die Austreibungsphase mit den Presswehen. Zwillinge kommen in einem Abstand von 20 bis 30 Minuten. Ist das Zicklein dann da, leckt die Mutter es trocken. Und meist frisst sie auch gleich die Plazenta, den Mutterkuchen, der auch noch herausrutscht. Und dann hängt ihr vielleicht ein Blutfaden aus dem Mundwinkel. Manchmal gibt es keinen Hinweis, ob die Plazenta wirklich aufgefressen ist oder doch noch in der Gebärmutter feststeckt. Dann muss die innere Körpertemperatur kontrolliert werden. Frisst das Tier normal? Denn der Abgang der Plazenta ist wichtig. Bei erhöhter Temperatur muss der Tierarzt verständigt werden. Niemals aber heraushängende Nachgeburtsteile gewaltsam herausziehen. Da könnte etwas reißen und die Ziege verbluten. Wenn alles gut gegangen ist, ist es jedes Mal wie ein Wunder. Dann steht das kleine Zicklein 15 bis 30 Minuten nach der Geburt bereits auf. Noch etwas wackelig. Und die Mutter hilft ihm, die Zitzen zu finden. Dann saugt es zum ersten Mal am Euter. Das Kolostrum, die Biestmilch, die Milch der ersten Stunden, ist besonders wertvoll. Sie stärkt das Immunsystem. Mutter und Kind meckern ein zärtliches behutsames Meckern. Eine neue Sprache, die immer schon irgendwo im Muttertier gewartet hat. Und jetzt ist sie da. Über den Klang der Stimme lernen sich die beiden kennen

und über das Ablecken und das Saugen des Zickleins am Euter.

In einem großen Netz kleiner Drüsenbläschen, den Alveolen, wird die Milch produziert. Für einen Liter Milch müssen rund 300 bis 500 Liter nährstoffreiches Blut durch das Euter fließen. Beim Saugen oder Melken fließt die Milch über kleine Kanälchen in größere Milchgänge und weiter in die Milchzisterne. Von hier dann in die Zitze und den Strichkanal. Dieser ist durch einen festen Muskel verschlossen. So fließt die Milch nicht aus. Und von außen können keine Keime eindringen. Die Laktationsdauer kann bis zu 305 Tage dauern. In den ersten fünf bis sechs Wochen steigt die Milchproduktion an und nimmt dann kontinuierlich ab. Manche Ziegenhalter melken die Ziegen über das Laktationsende hinaus. Zwei oder drei Jahre. Das geht nicht bei allen Ziegen. Manche aber haben damit kein Problem.

Dass das Muttertier genügend Energie bekommt, ist jetzt wichtig. Die Ziege darf in den ersten Wochen nach der Geburt nicht mehr als zehn Prozent ihrer Körpermasse verlieren. Die Milchproduktion zehrt am Körperfett. Und wird zu viel Körperfett abgebaut, kommt die Leber nicht mehr nach. Denn sie braucht die Energie aus der Glukose und der Stärke, damit sie die langen Fettketten überhaupt knacken kann. Es kann passieren, dass diese Energie fehlt. Dann ist die Leber blockiert und kann die Fettketten nur bis auf die Größe von Ketonkörpern aufbrechen. Die Ziegen riechen dann aus dem Maul nach Nagellackentferner und saurem Obst. Schlimmer ist aber, dass sie eine Fettleber entwickeln können. Der Stoffwechsel entgleist. Dann braucht es dringend eine Futterumstellung. Sofort, aber behutsam. Zu viel Kraftfutter könnte aber auch genau das Gegenteil bewirken. Eine Übersäuerung des Pansens. Kraftfutter ist immer heikel. Etwas für Profis.

Doch meistens geht alles gut. Und aus lauter Freude an meinen Ziegen sehe ich überall in der Stadt Dinge, die aussehen wie Ziegen. So streifen wir durch die Straßen und sammeln. Legen und stellen unsere Schätze zusammen. Dann erhöhen wir die Schwierigkeit. Ziegen zusammensetzen auf Zeit. Oder Sammelgut aus einem definierten Umkreis. Anleitung: Jeder von uns erhält einen Handschuh, eine Papiertüte und einen zugewiesenen Ort. Jeder hat zehn Minuten Zeit und darf höchstens zwanzig Schritte von dem Punkt aus machen, wo nachher die Ziege stehen soll. Achtung. Fertig. Los.

Heimlich Ziegenzeichen durch die Stadt legen.

Durchatmen Wir müssen die Namen der Insekten, der Kräuter auf der Wiese und der Vögel in den Bäumen kennen. Unbedingt. Denn nur das, was wir benennen können, findet in unserem Leben einen Platz. Erst wenn wir die Wesen rund um uns auch mit ihrem Namen ansprechen, tragen wir ihnen wirklich Sorge. Trotz aller Wissbegier reduzierte ich meine Workshops auf der Ziegenwiese eine Weile lang aufs inhaltliche Minimum. Die Ziegenwiese sollte ein Ort zum Durchatmen sein. Eine Pause. Ganz ohne Botschaft. Keine ausformulierten Lernziele. Wir holen die Kinder mit den Ziegen auf dem Schulhof ab und ziehen mit ihnen durch die Stadt. Es braucht Mut und Kraft, die Ziegen zu halten. Es sind wilde Spaziergänge. Wir rennen, springen. Beim Stall angekommen, sage ich: »Wir haben uns zum Ziel gesetzt, diese Wiese so zu gestalten, dass die Leute, die daran vorbeispazieren, Freude haben und vielleicht beginnen sie dann plötzlich von etwas zu träumen, das sie selber immer machen wollten.« Es gibt Holz, Hämmer, eine Bohrmaschine, eine Stichsäge, Nägel, Schrauben, Farbe, Pinsel, Schaufeln, Pflanzensamen, Erde. Und es gibt die Ziegen. Manche Kinder wollen den Stall ausmisten. Sie arbeiten ausdauernd. Lassen nicht locker, bis auch die letzte Schubkarrenfahrt zum Misthaufen erledigt ist. Andere legen Beete an oder bauen Ziegen aus Holz. Proben ein Theaterstück und führen es auf. Verziehen sich ins Baumhaus und hämmern. Jedes Kind vertieft sich in das, was es für sich ausge-

sucht hat. Viele Lehrpersonen sind froh um das Angebot. Sie sehen hier manch ein Kind mit anderen Augen. Die Kinder, die in der Schulbank kaum stillsitzen können, finden auf der Wiese eine Aufgabe. Zeigen Initiative. Und die Lehrpersonen können bei mir die Verantwortung abgeben, die Kinder einfach einmal machen lassen. Das muss man aushalten. Momente der Unsicherheit, der Ablenkung. Manchmal fürchte ich: »Vielleicht findet das eine oder andere Kind nichts, wofür es sich interessiert. Klinkt sich frustriert aus.« Es braucht Vertrauen, in den ersten Minuten nicht zu intervenieren und tausend Vorschläge zu machen. Nicht anzutreiben, nicht zu drohen, nicht zu schimpfen. Es kann auch anstrengend sein, nur zu begleiten. Aber es klappt. Manchmal gießen solche Kinder plötzlich mit Inbrunst die Pflanzen. Biegen Nägel gerade. Schleppen Bretter. Und wenn sie dann im Misthaufen eine Blindschleiche finden, ist das Glück perfekt. Mit den Ziegen sind auch die Blindschleichen auf die Wiese gekommen. Das Innere des gärenden Misthaufens bietet ihnen Wärme und Schutz. Hier gehen sie auf Jagd nach Nacktschnecken und Würmern.

Bis vierzig Jahre alt kann die Blindschleiche werden. Behutsam ertasten die Kinder die Hautknochenpanzerung dieser Reptilien, die auf der Ziegenwiese in großer Zahl vorkommen.

Regen und Sturm

Notizen mit Aussicht Einmal befragte mich eine Journalistin zum Thema Ziegen in der Stadt. So kam es, dass ein Zitat von mir in der Zeitung stand. Kurz darauf rief mich jemand vom Veterinäramt an. Ob meine Ziegen eigentlich registriert seien. Wenn ich da so durch die Straßen der Stadt spaziere. Und ich sagte ja, die sind alle im Herdenschutzbuch. Die Stimme am Telefon wurde etwas ungeduldig. Doch nicht so, meinte sie. »Jeder Betrieb – auch ein Hobbybetrieb – mit Schaf- und/oder Ziegenhaltung muss bei der TVD registriert sein.« Ich wusste nicht so recht, was die TVD ist, aber ich nickte ins Telefon. Die Stimme wurde ungeduldiger. »Haben denn ihre Ziegen eine gelbe Ohrmarke?« Die meisten ja. Die jungen noch nicht, die bei mir zur Welt gekommen sind. »Aber die Nummern habe ich. Sie sind einfach nicht im Ohr.« Ich habe mich schon etwas geschämt, weil ich nicht wusste, dass das so wichtig ist. Schafe und Ziegen müssen spätestens dreißig Tage nach der Geburt oder auf jeden Fall vor dem Verlassen des Betriebes mit der offiziellen Ohrmarke für die entsprechende Gattung im rechten Ohr gekennzeichnet werden. TVD steht für Tierverkehrsdatenbank. Die garantiert die Rückverfolgbarkeit von Schweizer Tieren. Das ist wichtig, zum Beispiel wegen Seuchen. Im Auftrag des Bundesamts für Landwirtschaft vergibt die TVD Identitäten in Form eindeutig beschrifteter Ohrmarken an alle in der Schweiz gehaltenen Klauentiere. Für Rinder, Schweine, Schafe, Ziegen und im Gehege gehaltenes Wild. Ich erhielt einen dicken Stapel Begleitdokumente, die ich ausfüllen muss, wenn ich mit den Ziegen irgendwohin gehe. Für jedes Tier jeweils ein Dokument. Wo ich doch mit allem Administrativen auf Kriegsfuß stehe. Ich ahnte schon, dass ich diese Begleitdokumente noch oft suchen würde. Und ich fragte, ob ich denn die Ohrmarken jetzt noch setzen soll. Ich musste. Da hatte ich ein noch schlechteres Gewissen. Denn die Tiere waren jetzt schon groß, und es wäre bestimmt einfacher gewesen, wenn ich es sofort gemacht hätte. Jede meiner Ziegen hat jetzt eine individuelle siebenstellige Nummer. Nicht zu weit oben im Ohr. Und nicht zu nah am Ohransatz. Ich musste die Ohrmarke zwischen den unteren beiden Knorpelleisten, in der Mitte zwischen Ohransatz und Ohrspitze, anbringen. Die Zange desinfizieren, die Teile der Ohrmarke auflegen. Drücken und sofort wieder öffnen, damit die Ohrmarke nicht ausreißt, falls sich das Tier ruckartig bewegt. Bei einer Ziege ist die Ohrmarke verkehrt herum. Da habe ich mich sehr geärgert über mich selbst.

Die Wiese ist in stetem Wandel, eine Weile gibt es eine selbstgebaute Minigolf-Anlage, dann einen Kletterparcours oder im Baum ein selbstgebautes Riesenkrähennest.

www.stadtgeiss.ch
Wiesen-fest
auf der Ziegenwiese beim Bahnhof Seebach
Samstag
26. 09.
ab 14°° Werken, Spielen, Essen, Trinken
15°° Puppentheater im Zirkuswagen
18°° Konzert Prader & Knecht, unplugged
facebook.com/Stadtgeiss

Schattenspiel Da gibt es diese wundersame Geschichte von Peter Schlemihl, der dem Teufel seinen Schatten verkauft und erst dann bemerkt, wie sehr der Schatten zu ihm gehört hat. Fortan ist er einsam. Verhöhnt von den einen, gefürchtet von den anderen und so manchem unheimlich. Ohne Schatten. Und die Ziegen? Ihr Schattenspiel gefällt mir. Ich liebe ihre Silhouette. Winternachtschatten. Und Sommerdämmerungsspektakel. Und niemand weiß, was die ganze Zeit in ihren Köpfen vorgeht.

Ich will auch Schatten tanzen lassen und baue mir in einen Türrahmen unserer Wohnung ein Theater. Oben befestige ich ein weißes Laken und unten einen dunklen Stoff. Damit ich nicht zu sehen bin, wenn das Licht von hinten auf meine Figuren scheint. Auf einem Stuhl eine Schreibtischlampe, deren Lichtkegel die ganze Spielfläche beleuchtet. Und die Figuren, Ziegen natürlich. Und die Kulisse, die Stadt und der Stall. Eine Frau aus Afghanistan hat mir von »Buz bazi« erzählt. *Buz* heißt Ziege, *bazi* Spiel. Ziegenspiel. Eine Marionette, die tanzt. Die Marionette ist eine Ziege. Es gebe fast niemanden mehr, der dieses Puppenspiel noch spielt. Aber früher, da ließ ein Musiker die Puppe tanzen. Er spielte die Dambura, eine Laute mit zwei Saiten. An eine Hand hatte er einen Faden gebunden, und am Faden hing diese Ziegenfigur. Er sang Volkslieder. Und die Ziege hüpfte immer, wenn seine Hand die Saiten anschlug. Oder »Tak-teke«, die springende Ziege. Weil im alten Volksglauben Bergziegen eine magische Bedeutung haben. Bei *Tak-teke* spielt eine Frau die Maultrommel. Vor sich, auf dem Tisch, eine Ziege aus Holz mit beweglichen Beinen. Und wieder ist da ein geheimnisvoller Faden im Spiel, der die Ziege tanzen lässt. »Buzkaschi« wiederum ist ein wildes Spiel aus Kasachstan. *Buz* bedeutet wieder Ziege und *kaschi* herausnehmen. Ziegenziehen. Es geht um viele Männer auf Pferden. Und mitten in der Steppe liegt ein Kadaver, eine tote Ziege. Die Ziege packen. Mit ihr wegreiten. Jeder gegen jeden. Alles ist erlaubt.

ANLEITUNG SCHATTENFIGUREN

Material:

Schwarzer Fotokarton, 50 x 70 cm
3 Holzstäbe (ca. 3 mm Durchmesser)
buntes Transparentpapier
Musterklammern
Unterlegscheiben aus Metall
Bleistift
Klebeband
Leim
Schere
Cutter
1 dünnes weißes Laken
1 dunkle Decke
Reißnägel zum Befestigen der Tücher
Schreibtischlampe

Ich male eine Ziege auf das schwarze Tonpapier. Einen Körper mit Kopf. Die Beine einzeln. Und schneide alles aus. Die Augen will ich leuchtend gelb. Deshalb schneide ich Augen aus und klebe gelbes Transparentpapier von hinten an. Und natürlich tragen meine Ziegen Kleider. Die werden auch bunt. Überall Transparentpapierpunkte.

Alles, was sich bewegen soll, alle Gelenke füge ich mit Musterklammern zusammen. Damit die Gelenke auch wirklich gut beweglich sind, lege ich auf beiden Seiten eine Unterlegscheibe aus Metall um die Klammer. Die Klammer darf nicht zu stark angezogen werden. Dann noch die Holzstäbe: Einen als Rückgrat am Ziegenkörper befestigen, zwei an die Beine.

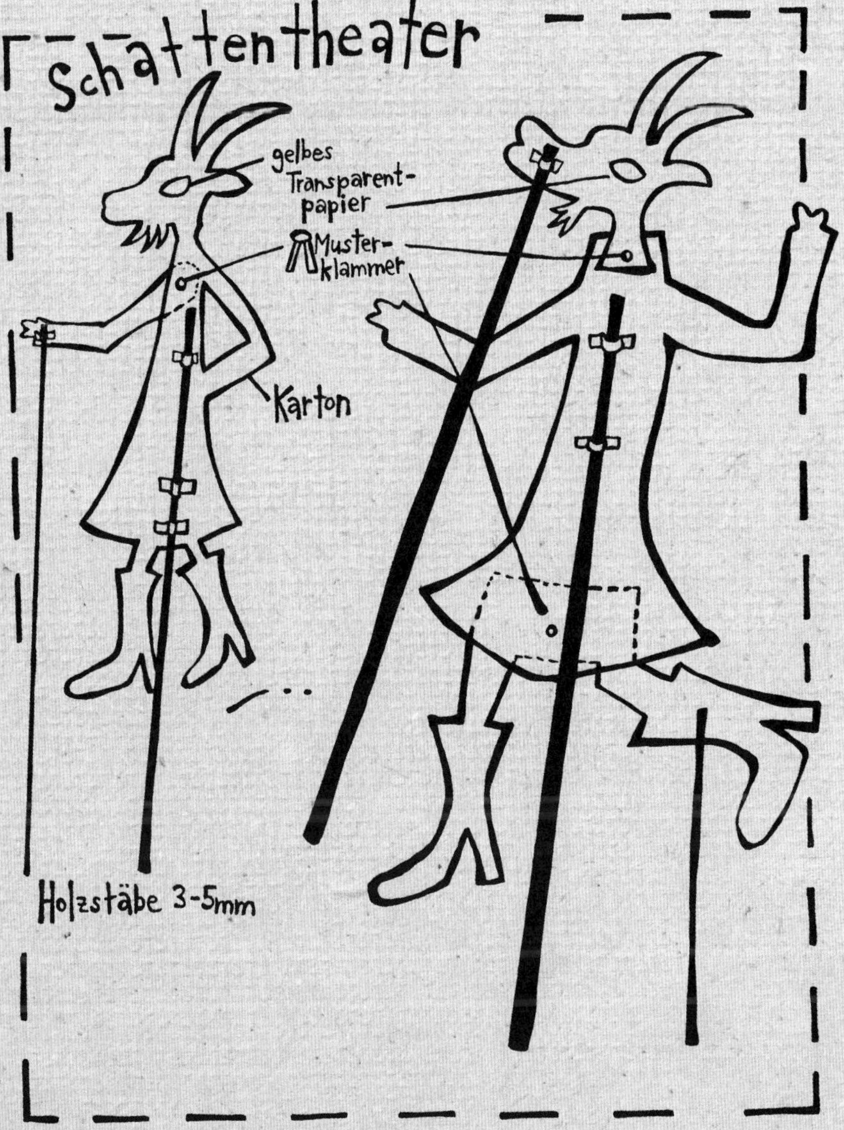

ZINKPUNKTE Es ist Winter, und meine Ziegen haben Probleme mit ihrem Fell. Feine Punkte um die Nasen, besonders bei einer von ihnen. Da sind es nicht nur einzelne Punkte, sondern mehr: Rund ums Maul und um das eine Auge fehlt Fell. Und am Kinn krustig-schuppige Haut. Ich habe Angst, es könnte Lippengrind sein. Hochansteckend. Kann auch beim Menschen Hautausschläge hervorrufen und schmerzhaft geschwollene Lymphknoten. Bei der Ziege verursacht das Virus erbsengroße Pusteln um Maul, Augen und Ohren, aber auch am Euter. Und alles füllt sich mit Eiter. Das Virus *Parapoxvirus ovis* kann jahrelang im Stall oder auf der Weide überleben, denn es ist sehr trockenheitsresistent. Unter dem Elektronenmikroskop sieht es aus wie ein kleines Hühnerei, 200 Nanometer im Durchmesser. *Nanos* ist griechisch und heißt Zwerg; 1 Nanometer ist 1 Millimeter durch eine Million geteilt. So ist dieser Lippengrindübertragerzwerg also 0,0002 mm klein. Und das ist für ein Virus eigentlich schon recht groß.

Ich war erleichtert, als sich herausstellte, dass es etwas anderes war. Kein Lippengrind, dafür Zinkmangel. Zink ist ein essenzielles Spurenelement, auch für uns Menschen. Zu wenig Zink macht stressempfindlich, müde, Haut und Haar beeinträchtigt. Der Ziegenkörper kann Zink nur in geringen Mengen speichern. Das heißt, eine Ziege sollte täglich Zink aufnehmen: mindestens 0,8 mg pro Kilogramm Körpergewicht. Es wird im Bereich des Labmagens aus der Nahrung gelöst und im hinteren Dünndarmabschnitt aufgenommen. Birken- und Erlenblätter oder Holunderrinde und Weidenblätter enthalten viel Zink. Auch die Zitter- und Schwarzpappelblätter strotzen vor Zink. Leider lassen sich diese Blätter im Winter nicht finden. Deshalb habe ich Zusatzfutter gekauft, angereichert mit Zink. Und ich creme die trockenen, felllosen Stellen täglich ein.

Weil auch uns Zink guttut, könnten wir zum Brotauflauf (Seite 87) einen Birkenblättertee trinken. 2 Teelöffel frisch gepflückte Birkenblätter auf eine Tasse Tee. Oder im Frühling einen Vorrat anlegen: Blätter sammeln, an einem luftigen Ort trocknen und dabei immer wieder wenden. Dann in einem dunklen Gefäß aufbewahren.

Zink ist auch im Stroh enthalten. Das Stroh von Gerste und Hafer kann auch, fein gehäckselt, verfüttert werden. Stroh fördert die Speichelbildung und Wiederkautätigkeit und stabilisiert die Bakterienaktivität im Pansen. Stroh und Heu müssen trocken gelagert werden. Feuchtes Heu ist nicht nur ungesund für die Tiere. Es kann aus einer harmlosen Ziegenhirtin ganz plötzlich eine Brandstifterin machen. Durch fahrlässigen Schwelbrand im Heustock. Denn Bakterien und Pilze mögen Feuchtigkeit und die Nährstoffe im Stroh. Und wenn diese Mikroorganismen aktiv werden, wird es

auch warm. Bis zu 50 Grad können es problemlos werden. Und schon bei Temperaturen zwischen 50 und 70 Grad besteht Brandgefahr. Denn neben der Wärme produzieren die Kleinstlebewesen auch unterschiedlichste Gase. Werden 70 Grad überschritten, muss die Feuerwehr unverzüglich alarmiert werden. Denn Stroh kann sich unter diesen Bedingungen selbst entzünden.

Wetterprophetinnen Im Winter, wenn es richtig kalt ist, frieren die Rohre zu. Ich schleppe dann PET-Flaschen. Sieben Ziegen: 20 Liter pro Tag. Und sie mögen gerne warmes Wasser. Im Januar hatten wir 11,5 Stunden Sonne – im ganzen Monat, nicht pro Tag. Sonst nur Nebel. Das schien auch den Ziegen zu viel zu werden. Immer wenn ich zu ihnen kam, haben sie empört gemeckert. Mitten in diese Langeweile und in diesen Nebel, der nie mehr wegzugehen schien, kam dieser kleine Vogel und sang. Und knickste und hüpfte, die Schwanzfedern in die Höhe gereckt. Manche sagen, er singe: »Der König bün ick.« Und eigentlich hat er recht. Weil er höher fliegen konnte als der Adler. Klein, wie er war, versteckte er sich einfach im Gefieder des kräftigen Raubvogels. Und als dieser müde war, war der kleine Vogel noch munter und flatterte los. Ließ den Adler unter sich zurück. Aber die anderen Vögel wollten das nicht gelten lassen. Ein so Kleiner so hoch oben. Wir auf der Ziegenwiese haben auch einen kleinen König. Den Zaunkönig.

Als ich wieder einmal mit meinen PET-Flaschen voll warmem Wasser zum Stall komme, schallt mir lustige Musik entgegen. Chantal füllt die Schubkarre und ruft: »So schön, die Woche mit Misten zu beginnen!« Und ich freue mich über die vielen Glücksfunken. Es gibt hier auf der Wiese so viele großzügige Helferinnen und Helfer. Karin, Michaela, Franziska, Claudia, Nina, Chantal, Andrina, Geri, Debra, Yannic, Daniel. Und meine Familie natürlich. Und Irma, die das Heu bringt. Und alle, die uns besuchen kommen, die mich anrufen, wenn sie das Gefühl haben, da hat eine Ziege grad Sorgen oder die Kaninchen hoppeln etwas zu wild.

Als ich an diesem Tag heimkomme, finde ich in der Küche noch einige Reste vom Sommer: getrocknete Ringelblumenblütenblätter. So streue ich etwas Sonne aufs Butterbrot. Ich reibe Calendulacreme auf meine gefrorenen Fingergelenke und krieche unter die Decke. Und es tut mir leid, dass die Ziegen keine dicken Decken haben. Besonders, wenn wie jetzt auch noch ein trockener, eiskalter Wind weht. Aber ich bin sicher, sie hatten heute auch Freude. Denn erstens hat eine Familie den Ziegen ihren Weihnachtsbaum zum Knabbern gebracht. Zweitens haben fünf Mädchen ein Schneekind, eine Schneefrau und einen Schneemann gebaut. Drittens haben drei andere Mädchen farbige Becher mit Schnee gefüllt und die Schneeziegel zu einer Burg aufgetürmt. Viertens hat ein Vater mit seiner Tochter versucht,

Vaniglia hat einen Kratzast gefunden.

die Kaninchen einzufangen. Fünftens sind fast alle mit dem Schlitten den »Todeshang« hinuntergerast, bis kein Schnee mehr da lag. Und die Ziegen schauten dabei zu.

Und mit den Leuten, die auf die Wiese kommen, erfinden wir unsere eigenen Lebensweisheiten. Denn die brauchen wir, wenn der Nebel nicht mehr weggehen will. Natürlich stecken in jeder Devise auch die Ziegen mit drin. Denn, wie die Pawindrier sagen: »Wer im Nebel wühlt, stärkt Lunge und Gemüt.« Obwohl es die Pawindrier eigentlich nicht gibt. Aber auch fiktive Wesen haben ein Recht darauf, korrekt zitiert zu werden.

Der siebte Sinn Am Ätna hat ein Forscher eine Herde Ziegen mit GPS-Sendern ausgestattet. Diese meldeten, dass die Tiere plötzlich unruhiger waren als sonst. Dass sie unter Büsche und Bäume flüchteten. Dass sie mal hierhin, mal dorthin liefen. Dann, ein paar Stunden später: ein Vulkanausbruch. Haben Ziegen prophetische Fähigkeiten? Die Natur als Orakel. Die Krake Paul und das Wunder der Fußballweltmeisterschaft 2010? Jede ihrer Vorhersagen war richtig. Etwas unspektakulärer der Tannenzapfen. Er sagt uns, wie es um die Luftfeuchtigkeit steht: »Wenn der Zapfen seine Schuppen schließt, der Himmel bald die Blumen gießt.« Auch der rosa blühende Storchschnabel ist in dieser Disziplin nicht schlecht: »Wenn des Storchschnabels Frucht sich

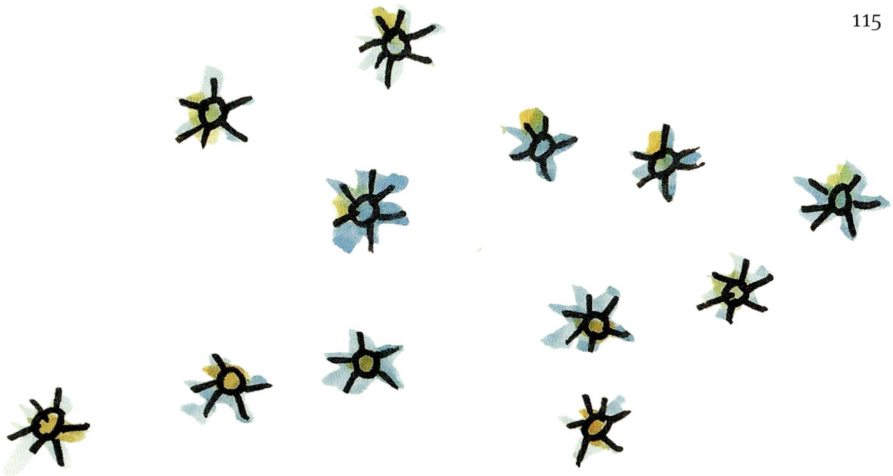

wie der Uhrzeiger dreht, in der Nacht schlechtes Wetter vor uns steht; doch dreht sich die Frucht entgegengesetzt, kein Wölkchen den sternklaren Himmel verletzt.« Eine alte Bauernweisheit. Die Sonnenblume, die morgens die Blüten nicht öffnet, wenn Regen bevorsteht. Die Regenwürmer, die dann aus der Erde kriechen. Der Mauersegler, der die Schlechtwetterfront auf eine Entfernung von 1300 Kilometer erspürt und sie umfliegt. Linden und Birken, die vor einem Wetterumschwung stärker duften. Haben Tiere und Pflanzen einen siebten Sinn?

Unbestritten ist, dass sie andere Dinge können als wir. Das Phänomen vom Ätna lässt sich naturwissenschaftlich erklären: Die Ziegen nehmen Gase wahr, die aus den Erdritzen strömen. Für die menschlichen Sinnesorgane ist dieser Geruch nicht erkennbar, die Tiere jedoch machte er unruhig. Es wäre interessant zu wissen, wie das so ist als Tier. Wie es ist, zu denken wie eine Ziege. Wie es ist, als Eule mit ihren versetzten Ohren Geräusche dreidimensional und zielgenau wahrzunehmen. Wie es ist, als Katze durch die Nacht zu schleichen. Als Adler in die Luft zu steigen und aus tausend Meter Entfernung eine Maus zu sehen. Wie es ist, als nachtaktiver Elefantenrüsselfisch die eigene Umgebung mit elektrischen Impulsen abzutasten. Was fühlt das Kiefernprachtkäferweibchen, wenn es mit seinem Infrarotsender einen Waldbrand erspürt, der achtzig Kilometer weit weg einen Baum um den anderen niederzüngelt? Freut sich das Käferweibchen, weil es weiß, dass da verkohltes Holz wartet, in das es seine Eier legen kann? Oder krabbelt es wie ein Roboter los in Richtung Waldbrand, nur weil sein Sinnesorgan drückt – das dehnt sich durch die minimale Erwärmung nämlich aus. Und wir Menschen? Wie gerne würden wir alles wissen. Wie Tiere denken. Wie sie spüren. Wie sie fühlen. Wie es ist, ultraviolett zu sehen. Und wie mag es wohl für die Ziege sein, das Blau des Himmels nicht wahrnehmen zu können? Wie schmeckt das Essen wohl, wenn man beinahe doppelt so viele Geschmacksknospen hat wie wir? Beim Menschen sind es 9000, bei der Ziege 15 000. Vielleicht halten sich die Tiere ja für den Mittelpunkt der Welt. So wie wir das auch tun mit unserem Anthropozentrismus. Vielleicht leben die Ziegen ihren ganz eigenen, immer schwindelfreien Caprozentrismus.

Auf dem Weg zur Ziegenwiese steht eine große Rosskastanie. Ein Ast lag heute abgebrochen am Boden. Da habe ich die kleinen Blättchen aus den Knospen geschält. Und es rührt mich, wie gut sie eingepackt sind. Zuerst harte äußere Knospenschuppen. Glänzend klebrig, voller Harz. Dann darunter der filzigweiche Pelzflaum. Und wenn man den wegzupft, erscheint endlich das gefaltete Rosskastanienblatt. Eine perfekte Miniatur der fingerförmig zusammengesetzten Frühlingsversion. Zum Nachmachen und staunen.

Mit Tieren sprechen »Sprichst du mit deinen Ziegen?« Ja, natürlich. Ich erzähle ihnen, was ich gerade mache. Dass sie etwas zur Seite rücken sollen, damit ich das Heu in die Krippe geben kann. Und dass sie nicht ins Futter springen sollen. Und wenn sie es trotzdem tun, schimpfe ich. Ich sage ihnen, dass die Sonne scheint, aber das wissen sie schon. Ich erwarte nicht, dass sie mich verstehen. Aber ich würde schon gerne wissen, was sie wohl verstehen. Und was sie mir sagen würden, wenn sie mit mir sprechen könnten. Ob sie zufrieden sind. Oder eben nicht.

Viele Menschen kommen als Besucherinnen und Besucher zu den Ziegen auf die Wiese. So wie ich mir das gewünscht habe am Anfang, als ich das Tor aufmachte. Ich wünschte mir, dass die Menschen hier Verstecken spielen, schaukeln, und dabei nicht genau zu wissen brauchen, wem die Wiese eigentlich gehört. Sie sollte einfach da sein. Für alle. Und genau das ist passiert. Sie sind einfach da, die Menschen. Schauen. Bringen klein geschnittene Karotten mit. Und manchmal sagt jemand: »Sie tun mir gut, diese Ziegen.« Einfach durch ihr Da-Sein. Durch ihre Ruhe und Neugierde. Bereits Florence Nightingale, die Wegbereiterin der modernen Krankenpflege, sagte: »A pet animal is often an excellent companion of the sick.« Heute sind Tiere manchmal auch Therapeuten. 1972 kamen verzweifelte Eltern mit ihrem Kind zum Psychiater Boris Levinson. Dem Kind ging es sehr schlecht. Schon viele Therapien hatte man versucht, nichts hatte geholfen. Jetzt waren sie bei Herrn Levinson, voller Hoffnung, dass er ihnen würde helfen können. Sie waren etwas zu früh, und da war noch Jingles im Therapieraum, der Hund des Arztes. Jingles begrüßte den Jungen freudig. Und das Kind fing an, mit dem Hund zu spielen. Dann fragte er: »Wenn ich wieder komme, ist dann der Hund auch da?« Der Junge kam wieder, zum Hund, nicht zum Psychiater. Langsam und sehr behutsam entwickelte sich mehr, bis es dem Jungen schließlich besser ging. Aus dieser Erfahrung heraus entwickelte Boris Levinson die tiergestützte Therapie.

Sich einfach angenommen fühlen. Wieder ins Leben vertrauen. Eine Beziehung aufbauen. Das können so vielleicht nur Tiere vermitteln. Tiere als Partner, nicht als Werkzeug. Und wo helfen wir Tieren, so wie sie uns helfen? Spüren Legehennen Verzweiflung? Sind sie deprimiert? Die Verhaltensforscherin Temple Grandin sagt, ihr eigenes Gehirn funktioniere wie das von Tieren. Sie ist Autistin und denkt in Bildern. In sehr detaillierten Bildern. Wenn sie an einen Kirchturm denkt, dann tauchen in ihrem Gehirn die exakten Abbilder verschiedenster Kirchtürme auf. Wie bei einer Google-Suche. Unzählige Bilder. Jeder Kirchturm für sich. »Das Tier«, sagt sie, »denkt ebenfalls in Einzelbildern. In Geräuschen. Und jedes Geräusch steht für sich. In Gerü-

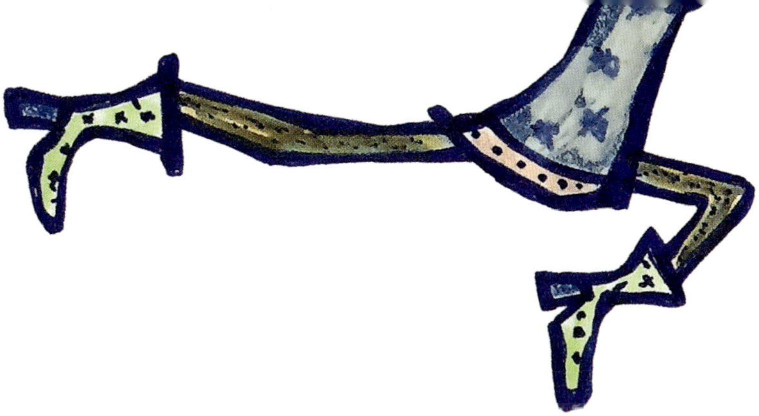

chen.« Wer verstehen will, wie ein Tier denkt, muss also lernen zu beobachten, genau zu beobachten.

Nera Verzasca, Stiefelgeiss und Bündner Strahlenziege Vielleicht mag ich die Stiefelgeißen so sehr, weil sie Nutztiere sind, die nicht besonders viel nützen. Weil ich selber auch nicht dauernd nützlich sein will. Denn manchmal ist es schwierig, zu wissen, was denn eigentlich nützt. Und wem. Nützt nur das, was auch verwertbar ist? Ist »sein« immer gleichbedeutend mit »sollen«? Und wann reflektieren wir eigentlich unser Tun? Die Zeit zum Überlegen, Nachdenken, Überdenken, Neudenken, die will ich mir nehmen. Beim ziellosen Herumwerkeln. Beim Blumenpflegen und Stallmisten. Und ich fordere diese Zeit trotzig ein, manchmal laut und manchmal einfach still und verstohlen, als stehe sie mir nicht zu. Denn auf dieser Zeit zu bestehen, ist alles andere als einfach. Die Zeit einfach vorbeifließen lassen, ohne etwas geleistet zu haben. Zählt die für mich beanspruchte Zeit nun als Hobby? Oder einfach Erholung, damit danach die Arbeit, die Pflicht wieder erfüllt werden kann? Mit der Wiese wollte ich eine Insel der Zweckfreiheit schaffen. Damit die Neugierde wieder keimt. Damit sich die Leere füllt. Und damit ich mich nicht immer auf Wesentliches konzentrieren muss, sondern auf Unwesentliches. Zum Beispiel aufs Wiederkäuen. Die Stiefelgeißen geben wenig Milch. Wenig Fleisch. Was ist ihr Sinn und Zweck? Eigentlich wollte niemand mehr Stiefelgeißen züchten. Bis es nur noch 27 weibliche und 7 männliche Tiere gab, im Kanton St. Gallen am Walensee. Dann kam die Rettung mit dem Schiff. Statt zum Metzger zu einer Bauernfamilie, die dafür sorgte, dass die Stiefelgeiß nicht ausstirbt. Die Walenseewellen spritzten aufs Deck, und die Ziegenretter glitzerten im Gegenlicht. Die Stiefelgeiß war nicht die einzige Ziegenrasse, die vor dem Aussterben stand. Vor mehr als hundert Jahren gab es eine sogenannte Rassenbereinigung. Es sollte ausschließlich und endgültig auf Produktivität gesetzt werden. Auf Milch, Fleisch und Geld. Aber dann gab es doch Menschen, denen das etwas unheimlich war. Die Vielfalt an Nutztieren und Nutzpflanzen ist schließlich Teil unserer Kulturgeschichte. Und sie fragten sich: Was ist, wenn es plötzlich vom Weizen nur noch eine Sorte gibt? Von der Rübe? Dem Apfel? Dem Kohl? Und wenn dann eine Krankheit diese einzige Sorte ausmerzt? So suchten sie nach alten Sorten und Rassen, bemühten sich, sie zu erhalten und züchteten sie. Vielfalt leben. Vielfalt der Ideen. Vielfalt der Lebensformen. Und Vielfalt der Ziegen. Die Bündner Strahlenziege. Die Pfauenziege. Die Capra Grigia, gesprenkelt wie der Granit aus dem Calancatal. Die tiefschwarze Nera Verzasca. Oder die Walliser Ziege, die ich nie in unserer Stadt erwartet hätte. Und doch lebt sie auch da. Schwarz-weiße Walliser Ziegen, auch sie können Stadtgeißen sein.

Mit dem Fokus auf Milch- und Fleischproduktion sind viele alte Ziegenrassen, die weniger produktiv sind, beinahe verschwunden. Heute wird der Erhalt dieser Vielfalt an Nutztieren wieder gefördert. Im Bild sind die Nera Verzasca, die Bündner Strahlenziege, die Stiefelgeiß und die Walliser Ziege zu sehen.

VANS
"OFF THE WALL"

DANK Ohne meine Familie wäre die Wiese der Stadtgeißen nicht möglich geworden. Matthias, Ylva und Sveva ich danke euch sehr! Ganz wichtig ist meine Mutter, die eigentlich Maria heißt, die aber alle Nina nennen. Sie ist immer da.

Und dann sind da so viele Menschen, die offen für alles, unkompliziert und mit vielen Ideen mithelfen, einspringen und sich für das Wohlergehen der Tiere und Gäste verantwortlich fühlen. Andrina, Chantal und Claudia zum Beispiel, die mit ihrer Ausdauer, Fröhlichkeit und Energie alle um sich herum anstecken, Geri, der Laufstege und Klettermöglichkeiten für die Ziegen baut und die Zäune überprüft und instand hält, wenn ich etwas gar sorglos werde, Sam, der ausgeklügelte Hochbeete installiert und das Solarpanel für den Elektrozaun möglich gemacht hat.

Lina, die den Koffer mit kostbaren, selbstgemachten Kleidern ausstattet, welche auch dreckig werden dürfen. Hannes, der die Idee hatte, die Alpwiesen in der Mitte der Stadt zu erobern. Die unbekannte Frau, die am frühen Morgen den Zirkuswagen aufräumt und selbstgebackene Köstlichkeiten hinstellt. Lukas, der uns an unseren Festen bekocht. Frank, der unsere Ziegen zu sich auf die Wiese einlädt. Ich kann gar nicht alle aufzählen, bin aber jeder einzelnen Person von Herzen dankbar.

Ein tiefes Dankeschön gilt dem Vorstand des Vereins Stadtgeiss. Karin, Michaela und Franziska schenken mir das Vertrauen, dass alles gut kommt, warten geduldig, wenn ich meine Mails nicht beantworte, fragen kritisch nach, wenn ihnen etwas seltsam erscheint und sind da, wenn ich zweifle. Und Brana schaut als Revisorin, dass auch die Zahlen in Ordnung sind. Der Verein Stadtgeiss erhält finanzielle Unterstützung aus der Nachbarschaft, von der Stadt Zürich und vereinzelte Projekte werden durch Vergabestiftungen möglich gemacht. Danke! www.stadtgeiss.ch.

Ein fröhliches Dankeschön gilt der Grün Stadt Zürich, dem Sozialdepartement und der Wasserversorgung der Stadt Zürich. Was für ein Luxus, dass sie uns gewähren lassen, uns beim Mähen helfen, dass sie mit uns im Austausch sind und mithelfen neue Weideflächen zu finden.

Ein ganz besonderes Dankeschön gilt der Nachbarschaft. Das Wohlwollen, die schönen Rückmeldungen, und auch die gelegentlich nötige Nachsicht rühren mich. Es sind viele Besucher und Besucherinnen, die Tag für Tag auf die Wiese kommen. Ich bin bewegt, wie respektvoll sie mit dem, was da ist, umgehen, auch wenn niemand von uns auf der Wiese ist.

Die Autorin Biologin, Umweltpädagogin, hat als Biologielehrerin, Wattführerin und in London als Stadtökologin gearbeitet. Sie war Mitglied der Geschäftsleitung einer Umweltschutzorganisation. Autorin und Illustratorin von Kinderbüchern, heute verantwortlich für Kommunikation und Partizipation bei der Bau- und Wohngenossenschaft Kraftwerk1. Sie ist Mutter von zwei Töchtern.

Stichwort verzeichnis